北京市社会科学基金、北京市教委社会科学重点项目

科技社团参与北京科技服务业发展新模式研究

闫邹先◎著

知识产权出版社
全国百佳图书出版单位

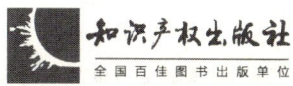

图书在版编目（CIP）数据

科技社团参与北京科技服务业发展新模式研究 / 闫邹先著 . —北京：知识产权出版社，2019.6
　　ISBN 978–7–5130–6203–9

　　Ⅰ . ①科… Ⅱ . ①闫… Ⅲ . ①科技服务—服务业—发展模式—研究—中国 Ⅳ . ① G322

中国版本图书馆 CIP 数据核字 (2019) 第 068816 号

内容提要

在我国实施创新驱动发展战略、深化科技体制改革并大力发展科技服务业的背景下，本书分析了科技社团参与科技服务业实际工作中存在的问题，总结出了科技社团参与科技服务业发展的新模式、新方法和新经验。

责任编辑：高　源　　　　　　　　　责任印制：孙婷婷

科技社团参与北京科技服务业发展新模式研究
KEJI SHETUAN CANYU BEIJING KEJI FUWUYE FAZHAN XINMOSHI YANJIU

闫邹先　著

出版发行：	知识产权出版社有限责任公司	网　　址：	http://www.ipph.cn
电　　话：	010-82004826		http://www.laichushu.com
社　　址：	北京市海淀区气象路 50 号院	邮　　编：	100081
责编电话：	010-82000860 转 8701	责编邮箱：	laichushu@cnipr.com
发行电话：	010-82000860 转 8101	发行传真：	010-82000893
印　　刷：	北京中献拓方科技发展有限公司	经　　销：	各大网上书店、新华书店及相关专业书店
开　　本：	880mm×1230mm　1/32	印　　张：	4.5
版　　次：	2019 年 6 月第 1 版	印　　次：	2019 年 6 月第 1 次印刷
字　　数：	150 千字	定　　价：	48.00 元

ISBN 978–7–5130–6203–9

出版权专有　侵权必究

如有印装质量问题，本社负责调换。

目 录

1 绪论 1
   1.1 研究背景及意义 1
   1.2 研究现状 4
   1.3 主要研究内容 9
   1.4 研究思路与方法 12
   1.5 主要创新之处 14

2 北京科技社团和科技服务业发展现状 16
   2.1 北京科技社团发展现状 16
   2.2 北京科技服务业发展现状 22
   2.3 北京科技服务业发展的基本特征 30

3 科技社团参与科技服务业发展的传统模式 34
   3.1 院士专家工作站模式 34

3.2 组建研发实体模式 36
3.3 共建科研基地模式 37
3.4 技术转让模式 38
3.5 委托研究开发模式 39
3.6 联合攻关模式 40
3.7 创新人才培养模式 40
3.8 项目深度合作模式 41
3.9 战略科技咨询模式 41
3.10 科技成果转化模式 42

4 国内外科技服务业发展的经验 43
4.1 国外科技服务业发展经验 43
4.2 国内科技服务业发展经验 62

5 科技社团参与北京科技服务业发展新模式 76
5.1 "共创+共建+共享"自组织自服务模式 77
5.2 "奖项+贷款"精准服务模式 79
5.3 "多元智库+PPP"综合服务模式 80
5.4 "学会+公司"融合服务模式 81
5.5 "互联网+学会"工作模式 82

  5.6 "学会+X"第三方评估模式 84

  5.7 离岸基地协同创新模式 86

6 问题与政策建议 88

  6.1 科技社团参与北京科技服务业发展面临的问题 88

  6.2 发展科技服务业的对策 94

参考文献 121

1 绪 论

1.1 研究背景及意义

科技服务业是运用现代科技知识、现代技术和分析方法，向社会提供智力服务和支撑的产业，是现代服务业的重要组成部分。在国外一些发达国家和地区，科技服务业已经发展了近百年，但我国科技服务业还是一个新兴产业。发展科技服务业对于调结构、稳增长、促融合和引领产业升级具有重要意义，因此各国政府纷纷通过政策引导和中介组织培育等手段推动科技服务业的发展。北京市于 2015 年出台了《关于加快首都科技服务业发展的实施意见》，要求加快发展科技服务业，努力提升科技服务业对首都科技创新和产业发展的支撑能力。

科技社团是科技工作者的群众组织，是国家创新体系的重要组成部分,是社会管理创新的重要协同力量,承担着联系广大科技工作者、推动创新驱动发展、促进科技人才成长、传播科学文化、参与社会管理等重要职能,具有跨部门、跨地域、跨所有制的组织优势和促进科技与经济结合的良好工作基础。发挥科技社团独特优势,引导和激励科技社团进入科技服务业,能有效整合区域创新资源,搭建产、学、研、用合作平台,推进科技成果转化和产业化,促进首都科技服务业又好又快发展。

科技社团服务科技服务业起源于学会专家开展科技服务活动。近年来,随着学会服务能力提升和承接政府职能转移等工作的推进,科技社团提供科技服务的种类和数量逐渐增加,科技社团正日益成为我国实施创新驱动战略的一支重要力量,而且已经成为最具有创新力的组织形态之一。北京在打造全国科技创新中心的过程中要发挥科技社团在创新资源集聚、创新活动开展、创新成果转化及创新环境营造等方面的作用,这对于推动首都产业升级、增强自主创新能力等都有着非常重要且不可替代的作用。建设全国科技创新中心的核心是把首都丰厚的科技资源优势发挥出来,在创新型国家建设中发挥引领和示范带动作用。同时,建设全国科技创新中心也是破解首都发展难题、构建"高精尖"经济结构的现实需要。

稳步迈向全国科技创新中心需要不断深化科技体制改革，最大限度释放首都创新效能，就要在扶持和激励创新主体的同时，弥补短板，加快首都科技服务业的发展，为创新创业活动提供高质量、全流程的服务，有效促进科技与经济的融合。

当前，科技社团参与科技服务业发展面临着诸多机遇，也有很多问题和挑战。例如，相关法律政策不完善，学会、社会、政府之间的关系有待厘清，承接政府职能转移困难较多；实施创新驱动发展战略动力不足；受市场有效科技需求少、项目资金投入不足，科技成果转化难度大；公众对科技社团认知度偏低，传统科技社团普遍面临"政社不分"问题，融资难和发展基础薄弱制约着这些组织参与科技服务业发展的步伐。为此，要在"科技社团在科技创新中的作用""科技社团如何抓住当前机遇，提高自身发展实力，积极参与社会管理和社会服务"等方面进行深入的研究。

探索科技社团参与科技服务业发展的新模式就是要在了解科技服务业发展规律的基础上，利用科技社团可以大范围、低成本、自发建立人与人之间跨单位、跨领域、跨职业的联系，形成各类创新主体间的"社交网络"，收集科技社团开展科技服务业的各类案例进行解剖研究，总结经验、模式、教训，从而指导这些组织提高凝聚科技工作者、服务科技成果转化的能力，并利用其自身人才荟萃、智力密集、学科齐全的优势在科技服务业中发挥更大作用。此外，支持、引导以工科学会为代表的科技社团发挥在市场资源配置基础上开展科学研究服务、科技金融服务、科技信息推送、科技成果转化等工作中的示范引领作用，推动首都科技创新中心建设，服务京津冀协同发展和"一带一路"布局，对于加快产业结构转型升级，打通产学研合作的瓶颈，深化创新驱动发展战略具有非常重要的战略意义和现实价值。

1.2 研究现状

科技服务业是促进科技与经济有效结合的桥梁和纽带，是加快科技进步和科技成果转化的助推器。随着经济的快速发展和科技的不断进步，以提供知识和技术服务为主要特征的科技服务业迅速发展，成为当今世界上发展最活跃、最快的产业之一。科技服务业的发展引起了国内外学者的广泛关注，相关研究成果主要集中在以下几个方面：科技服务业的内涵、特征及分类；科技服务业发展能力及水平评价；科技服务业发展与产业升级耦合机制；科技服务业发展模式及其路径；促进科技服务业发展的政策体系。考虑到本书主要集中于科技服务业发展模式，因此相关文献只针对以下三个主要方面进行阐述。

1.2.1 科技服务业发展与产业升级耦合机制

科技服务业的发展必然促进科技研发，加快科技成果转化，推动生产效率和整体经济效益提升，从而提高经济社会现代化水平。

周梅华、徐杰、王晓珍通过建立评价模型，对江苏省13个城市科技服务业竞争力水平进行的实证研究发现，江苏省科技服务业的竞争力水平呈明显的南强—中弱—北更弱的阶梯分布特征，这一特征与江苏省三大区域经济发展水平的梯度格局基本一致。

科技服务业广泛渗透在第一产业、第二产业中，并通过向其提供科技和知识服务，促进增长方式转变。同时，科技服务业通过信息、技术促进第三产业向信息化、网络化发展，推动其形成新业态，促进经济结构优化。因此，科技服务业是促进产业结构优化升级的重要推动力量。部分学者从产业的角度研究了科技服务业的发展。

陈和、周柠、刘靖瑜从社会分工互动机制、价值链升级互动机制、产业融合互动机制三个维度研究了产业升级和科技服务业之间的耦合机制，指出科技服务业发展和产业结构升级之间存在紧密联系，科技服务业的发展能加快经济发展方式转变，加快现代服务业发展进程。

沈小平、朱黎冰、尹华杰基于广东省重点产业发展对科技服务业的需求，探讨了重点产业与科技服务业发展之间的耦合关系，分析了科技服务业发展路径及其运行机制选择，阐述了产业政策对科技服务业生态演化的影响。

1.2.2 科技服务业发展模式及其路径

根据科技服务业的特点和发展规律，深入研究其发展模式与路径对国家及区域产业发展、科技创新体系建设具有重要的现实意义。

祁明、赵雪兰针对科技服务业的体系及特征，提出了科技服务业的5种发展模式，即创新平台模式、生态模式、外包服务模式、知识管理模式、行业标准模式，并分析了其应用价值。

马新平认为，除第二产业外，服务业同样可以建立产业联盟，而科技服务业属高端服务业，直接服务于高新技术产业，适合建立产业联盟。他通过研究太原高新区文化创意产业和高端研发服务业产业联盟等案例，指出目前我国科技服务业产业联盟的发展规律，即政府引导，龙头企业牵头，企业自行组织、自行管理，政府提供土地、税收、融资、人才等优惠支持政策。

此外，部分学者从生态学的角度研究了科技服务业的发展。如周敏、杨南粤从宏观和微观角度阐述了基于生态学理论的广东科技服务业发展思路，提出应构建区域生态系统，发展生态科技园区，注重生态科技园区与区域生态系统协调的发展。韩晨结合信息生态理论，基于信息效用假设、信息生态理论假设和信息流动性假设，构建了科技服务业信息生态链模型、生态网模型和生态圈模型，并以珠江三角洲地区为例进行了实证分析。

1.2.3 科技服务业发展政策体系

市场需求是科技服务业发展的根本动力，而政策体系是科技服务业发展的外在动力。科技服务业作为知识密集型产业，具有明显的正外部性，客观上需要政府提供政策支持。学者们针对科技服务业政策体系的研究主要集中在以下三个方面。第一，政府在科技服务业发展中的作用。贾宝林、宁凌、刘亮认为政府在激励政策体系中居于主导地位，起着过程控制、资源支配和机构协调的作用。政府主导的二元体制和二元体制下的政策是影响科技服务政策激励效果的主要因素。政府应该重新审视职能边界，积极进行政策统合和体制改革，以促进科技服务业的发展。第二，对现有政策进行归纳和分析。宁凌、土建国、李家道对科技服务业政策体系比较完善的北京、天津和江苏三省市的相关政策进行了比较，从制度保障、经济支持、人力资源和平台建设四个方面作了分析，进而得出激励政策制定的启示。饶彩霞、唐五湘、周飞跃将我国现行的30余项科技金融政策分为5类，指出现有科技金融政策存在缺乏政策合力、政策之间不协调及科技金融环境和市场化政策不健全等问题。第三，政策体系构建。张玉强从政策工具理论、激励理论和科技服务业理论三个方面考察了科技服务业激励政策的理论框架；从形式（政策）、内容（激励）和对象（科技服务业）三个视角构建了科技服务业激励政策的多元理论框架。宁凌通过梳理我国科技服务业政策，发现现有政策大多为投入主导。为改变这种状况，他认为应基于政策工具理论、激励理论提出需求主导型科技服务业激励政策构建措施。刘鹏、蔡玉坤建立了科技服务业与地方政府为主体行为者的博弈模型，分析了政府在促进科技服务业发展中所起作用的动因和原理，并以青岛市为例探讨了财税政策对科技服务业的影响。陈岩峰立足广东省，构建了基于工业自主创新的科技服务业发展政策支持体系，包括横向政策、纵向政策、时序政策、结构政策。其通过梳理学者所提出的科技服务业政策体系，绘制了促进科技服务业发展的政策体系框架。

通过对上述文献的收集和整理，我们发现现有文献主要集中于对基本模式或传统模式的研究。然而，北京作为政治中心、文化中心、国际交往中心、科技创新中心，在经济社会发展过程中出现了很多新情况、新业态、新融合，这些新变化必将对科技社团参与科技服务业发展的服务模式产生重大影响。因此，本书将从新业态、新发展角度研究科技社团参与科技服务业发展的新模式。

1.3 主要研究内容

1.3.1 研究对象的界定

科技社团包括的范围很广，本书的研究对象仅包括科协系统所属的学会、研究会、协会，不包括联盟、智库等新型社会组织。具体来说，主要包括注册地在北京的全国学会和市属学会。

1.3.2 研究框架

在我国实施创新驱动发展战略、深化科技体制改革并大力发展科技服务业的背景下，本书结合科技社团参与科技服务业实践中存在的问题，总结出了科技社团参与科技服务业发展的新模式、新方法和新经验。

本书的研究框架围绕以下五个方面展开。

第一，分析北京科技社团和科技服务业发展现状。首先，本书详述了当前北京科技服务业发展的现状和其所处的环境优势，以及科技社团的功能与其进入科技服务业的优势和困难；其次，本书分析了发挥科技社团力量，推动其参与科技服务业发展的重要性和作用。

第二，总结科技社团服务科技服务业的基本工作模式。本书通过案例分析、文献梳理、政策文件解读等，梳理并总结了当前科技社团开展科技服务业的工作模式，并分析其特点、成效及制约发展的因素等。

第三，介绍国内外科技社团服务科技服务业的做法和经验。本书通过文献收集和整理，解析了国内外科技社团发挥其功能、作用的发展机制、政策措施、激励机制等，为科技社团更好地开展科技服务业提供理论和实践依据。

第四，进行科技社团服务科技服务业的新模式研究。随着北京经济社会的快速发展，出现了许多新事物、新情况、新业态，如科技金融、"互联网+"、创业孵化服务、知识产权和标准服务、技术交易服务等，在此背景下发掘当前科技社团开展科技服务业的趋势，结合当前科技社团开展科技服务业富有显著成效的案例，探索适合新的发展形势下科技社团开展科技服务业的新模式。

第五，结合典型案例，根据科技社团服务科技服务业的具体模式差异，分别找出1~2个典型的科技社团，介绍其基本情况、模式特点、模式构成、取得效果等，并在此基础上总结科技社团参与科技服务业发展面临的问题，进而提出对策与建议。

1.3.3 难点和重点

本书的重点：①针对北京科技服务业发展现状组织调研，了解其发展现状、工作模式、存在的问题等；②分别通过文献收集、整理和经验借鉴等提炼出科技社团参与科技服务业发展的新模式；③从人、财、物，工作方式和途径等方面提出相应的对策。

本书的难点：①调研大量的科技社团，设计调查问卷和座谈需要大量的时间；②由于科技社团差异较大，研究其参与科技服务业发展的可复制且易推广的新模式难度比较大；③综合运用单案例和多案例比较研究方法进行研究时对研究人员的理论要求较高。

1.4 研究思路与方法

1.4.1 研究思路

本书在 2016 年度北京市教委社科计划❶的支持下，以党的十八大提出的"创新驱动战略"、习近平总书记围绕创新驱动发表的系列重要讲话及《关于加快首都科技服务业发展的实施意见》为指导，对科技社团参与科技服务业发展存在的问题及创新工作模式进行调研。在北京科技咨询中心、中

---

❶ 北京市社会科学基金项目、北京市教育委员会社科计划重点项目。

国科协相关部门等单位的支持和帮助下，课题组赴多个相关单位进行深度访谈，对部分参与单位进行电话访谈，围绕三个问题，即"如何使科技工作者能够进入科技服务业发挥作用""如何使科技社团能够提高凝聚科技工作者、服务科技成果转化的能力""政府相关部门如何支持科技社团更好地服务科技服务业"等进行研究。本书将以研究目标为导向，运用科学、合理的研究方法对我国科技社团参与科技服务业发展基本状况及其发展规律进行调查、分析和探讨。研究过程通过严格科学操作、全程质量监控、多学科专家咨询等方式以确保研究设计、研究过程和研究结论的科学性与合理性。具体研究步骤包括文献研究理论探讨、研究设计与试调查、研究对象选择与抽样、实地调查与研究、数据整理与分析、报告撰写与专家研讨六个环节。本书将通过以上扎实的工作来获取充分、有效的调查数据，并对其进行科学合理分析，最终有效地完成研究目标所设定的目标任务，提供科学的研究结论和规划建议。

1.4.2 研究方法

第一，文献收集法。本书通过收集整理国内外相关的文献资料,了解掌握国内外科技社团参与科技服务业发展的相关做法和经验,从而为后续研究奠定基础。

第二,调查研究法。一是问卷调查法,设计相应的调查问卷,了解科技社团如学会等对服务科技服务业发展的意见、建议及工作模式等;二是通过走访上海、广州、杭州、深圳等相关单位,了解其在参与科技服务业发展方面的成功经验和做法,以期提供经验借鉴。

1.5 主要创新之处

第一,研究视角创新。本书主要探讨了科技社团角度如何参与科技服务业发展的问题。科技社团具有学科齐全、人才荟萃、知识密集、网络健全、信息发达等各种天然优势和促进产学研合作的良好工作基础,承担着联系广大科技工作者、促进科技人才成长、传播科学文化、推动创新驱动发展等重要职能,是国家创新体系的重要组成部分。本书立足于发挥科技社团独特优势,引导和激励科技社团进入科技服务业,意在有效整合区域创新资源,搭建政、产、学、研、用合作平台,推进科技成果的孵化、转化和产业化,促进科技服务业又好又快地发展。

第二，研究内容创新。目前理论界关于科技社团参与科技服务业的创新模式研究稍显不足，本书将丰富相关的研究内容。北京社团资源丰富，发展科技服务业基础雄厚，科技社团在参与科技服务业发展的传统模式如院士专家服务站、共建服务站、委托开发、人才培训、信息传递等基础上，又根据具体情况衍生出许多可复制、易推广的新模式。因此，凝练这些新模式，并对其系统化、理论化，对于更好地发展北京科技服务业、促进科技社团的发展无疑具有非常重要的理论价值和现实价值。

2 北京科技社团和科技服务业发展现状

2.1 北京科技社团发展现状

北京作为政治中心、文化中心、国际交往中心和科技创新中心，科技人才资源丰富，集中了全国大部分的科技社团和高素质的科技工作者。这些科技社团从隶属关系上来看主要分为两大类，一类隶属于中国科协，一类隶属于北京市科协。

2.1.1 中国科协所属科技社团发展现状

近些年来，全国学会在中国科协的正确领导下，在广大科技工作者的共同努力下，得到了较快的发展，全国学会无论从数量还是规模方面都取得了较大的发展和提升。

从数量角度上看，全国学会从2012年的198家，增加到2016年的208家，增幅明显（见表2-1）。

表2-1　2011—2016年中国科协所属学会数量情况　　　单位：家

年份	2016年	2015年	2014年	2013年	2012年
数量	208	208	200	200	198

资料来源：《2016年中国学会发展报告》（社会科学文献出版社，2016年）、中国科协官网

从结构角度上看，2016年208家全国学会中，有理科学会45家，工科学会78家，农科学会15家，医科学会27家，交叉学科学会43家。

从规模角度上看，全国学会的全职从业人员也在稳步提升。2011年全国学会全职从业人员为3012人，2014年达到3496人。其中，社会聘任人员数量基本维持在1100人左右。2017年全国学会全职从业人员高达4762人（见表2-2）。

表2-2　2011—2017全国学会从业人员情况　　　单位：人

人员分类	2017年	2014年	2013年	2012年	2011年
全职从业人员	4762	3496	3380	3219	3012
社会聘任人员	1263	1131	1105	1086	1016

资料来源：《2016年中国学会发展报告》（社会科学文献出版社，2016年）、中国科协内部材料

从服务能力上看，在中国科协的大力支持下，全国学会近几年在服务能力建设方面得到了较大的提升，也做出了巨大的成绩。全国学会围绕社会经济发展，充分发挥跨部门、跨行业、跨学科、跨地域等优势，积极搭建形式多样、内容丰富的学术交流平台，举办的学术会议数量稳步增长，产生了良好的社会效益和经济效益。表2-3、表2-4、表2-5分别从全国学会举办的学术会议举办情况、学术会议质量提升计划主要绩效、全国学会参与国际活动情况三方面展现了全国学会服务能力建设方面的成绩。

表2-3　2011—2015全国学会举办的学术会议情况　　单位：场次

会议分类	2015年	2014年	2013年	2012年	2011年
国内学术会议	4421	4128	3762	4218	3805
国内国际学术会议	584	572	563	545	549
国外国际学术会议	87	83	85	71	72

资料来源：《2016年中国学会发展报告》（社会科学文献出版社，2016年）、中国科协内部材料

表2-4　　2016年学术会议质量提升计划主要绩效

类目	高端学术交流	综合学术交流	区域与行业性	新观点新学说	中国科技论坛	青年科学家	海峡青年科学家
参会人数（人）	18909	41591	3190	371	707	1153	1483
海外人数（人）	1183	2630	17	4	1	16	116

续表

类目	高端学术交流	综合学术交流	区域与行业性	新观点新学说	中国科技论坛	青年科学家	海峡青年科学家
参会院士（人）	138	123	18	13	6	0	6
长江学者（人）	165	474	25	6	0	13	5
千人计划（人）	145	98	13	10	1	12	5
杰出青年（人）	157	536	31	21	0	28	18
会议论文（篇）	4341	16314	88	62	197	159	250
发表论文（篇）	1845	5159	8	47	104	6	91
部委报告（篇）	3	2	1	2	2	0	0
所获批示（篇）	0	0	0	1	0	0	0

资料来源：根据内部资料整理

表 2-5　2012—2016 年全国学会参与国际活动情况

类目	2016年	2015年	2014年	2013年	2012年
加入民间国际科技组织（个）	486	411	408	368	342
任职专家数量（人）	1001	552	531	614	531
参加国际科学计划（个）	102	—	75	52	42
促成国际合作项目（个）	—	254	172	123	114
其中：引进优质科技资源	—	—	78	60	59
参加国外科技活动人次	10855	9958	9953	6581	7034

续表

类目	2016年	2015年	2014年	2013年	2012年
接待外国专家学者人次	14136	11745	8013	9385	7326

资料来源：《2016年中国学会发展报告》《中国科协全国协会发展报告2017》及中国科协学会服务中心内部资料；"—"表示没有查到相关数据

从内部治理角度上看，全国学会通过对会员代表大会、理事会、监事会等权限和职责进行制度化改革，已经初步形成了科学有效的内部治理结构和治理方式（见表2-6）。

表2-6 学会会员代表大会代表产生方式　　　　　　单位：%

方式	常务理事会决定名额分配	地方学会推荐	分支机构推荐	常务理事会掌握机动名额	业内大型单位推荐	选取推荐	其他方式
比重	58.6	48.2	46.5	32.3	18.1	15.1	11.2

资料来源：《2016年中国学会发展报告》（社会科学文献出版社，2016年）

2.1.2 北京市科协所属科技社团发展现状

最近几年，在北京市科协的正确领导下，市属学会无论从数量还是能力等各方面都得到了较快的发展，也取得了较为明显的成绩。

从数量角度来看，根据北京市科协历年统计年报，我们可以发现北京市科协所属的科技社团呈逐年递增的趋势

（见表2-7）。

表2-7 2012—2016年北京市科协所属学会数量情况　单位：个

年份	2016年	2015年	2014年	2013年	2012年
数量	212	178	170	159	162

资料来源：北京市科协官网

从结构角度来看，北京市科协所属科技社团的结构基本合理。截至2016年年底，市科协所属学会、协会、研究会等共计212个。其中理科学会27个，工科学会55个，农科学会18个，医科学会30个，科普与交叉学科学会50个。

从规模角度来看，理事会规模也呈递增趋势。根据北京市科协官网公布的数据，2016年市属学会理事为10915人，其中常务理事3787人，女性理事2469人；市属学会个人会员251029人，其中女性会员131003人，高级（资深）会员57371人，学生会员10701人，外籍会员72人，港澳台个人会员41人，学会团体会员9150个；市属学会从业人员951人，其中社会聘用人员380人。

从服务能力来看，2016年市属学会举办国内学术会议1191次，参加人数405869人次，其中企业科技工作者参加人数37554人次，交流论文19177篇；举办国内国际学术会议76次，参加人数14509人次，其中企业科技工作者参加人数 2942 人次，国外专家学者参加人数 489 人次，交流学术论文 2217 篇；市属学会提供决策咨询报告 136 篇，其中获上级领导批示报告 26 篇；举办决策咨询活动 178 次，参加活动专家 1119 人次；专家工作站 100 家，进站专家 1340 人次。

2.2　北京科技服务业发展现状

2.2.1　科技服务业整体发展情况

2014 年，习近平总书记在视察北京工作时明确提出北京是全国的政治中心、文化中心、国际交往中心、科技创新中心。科技服务业是实现北京科技创新资源向科技成果、产业转化的纽带和动力，是支撑全国科技创新中心建设的重要战略路径。加快发展科技服务业，可以有效提升北京作为全国科技创新中心聚集、聚合、聚变创新要素及辐射、扩散产业要素运转效率的能力，能够全面支撑北京市科技服务业转型升级及首都"高精尖"经济结构的快速发展。

根据北京市统计年鉴，截至 2016 年年底，北京市拥有规模以上科技服务业机构为 2634 家，同比增长 8.8%；资产总计为 1660.1 亿元，同比增长 25.7%；实现营业收入 5543.5 亿元，同比增长25.2%；利润总额为480.0亿元，同比增长6.8%；从业人员为41.7万人，同比增长23.2%。科技服务业企业单位资产比为4.1亿元/个，而人均利润达6.3亿元/万人，形成了轻资产、高利润、低能耗的产业特征，符合未来北京市科技发展的总体趋势。

在研发投入方面，自2012年以来，北京市研发投入逐年加大，其研究与试验发展(研究与开发)经费支出持续增长，研发投入强度保持全国领先地位。据不完全统计，2016年北京市研究与开发活动人员为36.2万人，比2011年增长21.9%，年均增速为4%。研究与开发经费支出为1484.6亿元，比2011年增长58%，年均增速为9.6%。研发投入强度为5.94%，2012年以来一直保持在5.9%以上的高位，位居全国首位，明显高于全国平均水平。

在专利技术方面，2016年北京市专利申请量与授权量分别为18.9万件和10.1万件，分别比2011年增长1.4倍和1.5倍，年均分别增长19.4%和19.7%。其中，发明专利申请量与授权量分别为10.5万件和4.1万件，比2011年分别增长1.3倍和1.6倍，年均分别增长18.4%和20.7%，分别占专利申请量和授权量的55.3%和40.4%。

在技术合同方面，2016年北京市签订技术合同成交项数 74965 项，比 2011 年增长 40%，年均增长 7%。签订技术合同成交额 3940.8 亿元，比 2011 年增长 1.1 倍，年均增长 15.8%；其中，代表更高技术含量的技术交易额 2919.3 亿元，比 2011 年增长 1.3 倍，年均增长 18.1%。技术交易额占技术合同成交总额的比重为 74.1%，比 2011 年提高 7 个百分点，成果转化呈高端化趋势。

2.2.2 部分重点领域发展情况

根据 2014 年国务院颁布的《关于加快科技服务业发展的若干意见》的指示精神，科技服务业主要包括研究开发、技术转移、检验检测认证、创业孵化、知识产权、科技咨询、科技金融、科学技术普及等领域。基于部分资料的可获得性，本书主要针对部分领域的发展情况进行了梳理和整理。

在研究开发服务领域，截至 2016 年 12 月底，北京市共有 147 家跨国公司地区总部企业，其中朝阳区电子城功能区吸引了 10 多个国家和地区的 150 家跨国跨地区公司的投资，拥有 30 家世界 500 强企业跨国公司地区总部及研发中心。截至 2015 年年底，在海淀区内设立总部型分支机构或研发中心的世界 500 强企业超过 40 家，占示范区总数的 40%；注册资本在100万元以上的外资研发机构达350家，占北京市的62%；形成了以中关村软件园和上地信息产业基地为中心的总部基地、高端研发、接发包交易集聚区及以中关村西区为核心、以中国国际技术转移中心为主要载体的国际知名技术转移机构集聚区。作为我国第一个国家级高新技术产业开发区，中关村科技园区是覆盖北京市科技、智力、人才和信息资源最密集的区域，园区内有清华大学、北京大学等高等院校41所，以中国科学院为代表的各级各类的科研机构213家，聚集了新技术企业近2万家，形成了下一代互联网、移动互联网和新一代移动通信、卫星应用、生物和健康、节能环保、轨道交通六大优势产业集群，成为首都高端企业功能区。可以说，中关村科技园区为国民经济和国家科学技术进步做出了重大贡献。

在科技金融领域，北京科技金融起步早、发展水平走在全国前列，形成了以政府为主导、资本市场和银行共同推动的科技金融模式，有效地推动了首都科技创新发展。2016年，北京科技金融服务业法人单位资产5.2万亿元，同比增长18%；实现营业收入618.7亿元，同比增长29.6%，高于同期金融业收入增速7.1个百分点；实现利润总额319.5亿元，同比增长30.6%；从业人员达到2.8万人，同比增长4.1%；税金总额220亿元，同比增长6.8%。

多层次资本市场建设取得重大突破。2012年9月，全国中小企业股份转让系统有限责任公司（"新三板"）在京设立，2013年12月正式向全国扩容，北京成为继上海、深圳之后第三个拥有全国资本交易市场的城市。截至2016年9月底，北京市"新三板"挂牌企业总数3585家，总市值达到1.5万亿元；其中北京地区企业549家，占全部挂牌企业总数的15.3%。2013年12月28日，区域性股权交易市场（俗称"四板"）——北京股权交易中心正式启动，为北京市中小企业提供融资、交易、孵化、改制、宣传和创新共"六大平台"。截至2016年年底，北京市已有挂牌企业10家、展示企业318家，完成204家企业股份登记托管业务，成功发行6支中小企业私募债券，募集资金5.5亿元。与此同时，建立中国技术交易所、北京金融资产交易所、北京软件和信息服务交易所等创新型要素市场，进一步优化了科技金融发展环境。

作为国家金融管理中心，北京市银行类金融机构众多，包括四大国有商业银行、三大政策性银行的总部都位于北京。为了给科技企业提供特色化、专业化服务，32家商业银行在中关村示范区内设立了490多家各类网点，18家商业银行设立了信贷专营机构和特色支行，北京银行、建设银行专门设立了中关村分行。国家开发银行北京分行成立了科技金融处，专门提供科技金融服务。

科技企业融资渠道更加多元。2016年，北京市拥有法人证券公司18家，数量居全国第一，银河、高盛高华和中信建投等证券公司总部都设在北京。风险投资、创业投资和股权投资机构发展迅速，截至2016年年底，北京股权投资管理机构达到3800家，鼎晖创投、IDG资本、君联资本和启迪创投等知名投资机构总部均设在北京，北京成为全国股权投资中心。小额贷款公司、融资租赁公司和融资担保公司等新兴业态快速发展，截至2016年年底，北京市有金融租赁公司88家、小额贷款公司75家、融资担保公司106家，为科技企业提供了较多的融资选择。通过金融工具创新，科技企业融资结构得到了很大改善，信贷等债权融资虽仍占据主导地位，但股权融资发展势头良好，在科技金融中发挥着越来越重要的作用。

"中关村模式"引领科技金融发展。近年来，中关村积极开展科技金融先行先试，探索建立区域科技金融体系，成为全国科技金融发展的"风向标"。自2011年成为全国科技和金融结合首批试点地区以来，中关村不断深化科技服务创新，探索形成了"一个基础、六项机制、十条渠道"❶的中关村投融资模式。截至2016年年末，中关村上市企业数量246家、总市值31383亿元，IPO融资额2255.1亿元，均居全国第一，形成了"中关村板块"。

2016年，中关村每年用于科技金融的资金规模约为2亿元。其中，1亿元用于对企业、金融机构和中介机构的补贴，并相应出台了中关村示范区企业担保融资、信用贷款、知识产权质押贷款、股权质押贷款、改制上市、并购和创业投资等一系列扶持资金管理办法。另外1亿元用来设立创业投资引导基金，目前已有22家创业投资子基金参股，共投资项目109个，子基金总规模达100.3亿元，在支持科技企业发展方面发挥了十分关键的引导作用。

在政策创新上，涉及企业债务性融资、科技金融创新工程、企业创业投资和企业改制等内容的政策陆续出台。在机制创新中，在中关村创新平台专门成立了科技金融专项工作组，形成了中央、市与区县协作互助的工作体系；率先建立

---

❶ "一个基础"是指以企业信用体系建设为基础，以信用促融资，以融资促发展。"六项机制"是指信用激励机制，风险补偿机制，以股权投资为核心的投保贷联动机制，银、政、企多方合作机制，分阶段连续支持机制，市场选择聚焦重点机制。"十条渠道"包括天使投资、创业投资、国内外上市、代办股份转让、担保融资、企业债券和信托计划、并购重组、信用贷款、信用保险和贸易融资、小额贷款。

创业投资引导基金，实施创业投资企业风险补贴政策，解决初创期企业融资难的问题；组织发行高新技术企业集合信托计划和企业债券，开展信用贷款试点，缓解快速成长期企业担保难、贷款难的问题。

在创业孵化服务领域，北京众创空间发展迅速。2016年拥有各类众创空间、科技孵化机构超过150家，在孵企业9000余家；其中朝阳区有22家，包括2家国家级孵化器、6家市级孵化器、9家创新型孵化器、2家国家大学科技园；融创动力科技文化创意产业基地和极地国际创新中心授牌为首批11家市级"众创空间"成员单位。截至2015年年底，海淀区已建成以创新工场、车库咖啡等为代表的众创空间80家，支持各类主体投资建设小企业创业基地22家，科技企业孵化器总数达95家。

在知识产权服务领域，截至2016年，北京市共有知识产权服务机构3400家，专利代理服务机构600多家，专利代理人1939人；培育了专利试点单位463家，专利示范企业128家，其中国家级试点企业8家、示范企业3家。

2.3 北京科技服务业发展的基本特征

2.3.1 财政支持力度较大

近几年来,北京市委市政府高度重视科技服务业发展,先后出台了《关于加快首都科技服务业发展的实施意见》《北京技术创新行动计划(2014—2017年)》等政策,财政支持的力度得到较大的提高。首先,北京市财政局会同北京市科委统筹整合科技经费,设立了设计之都建设、科技型中小企业促进、科技服务业促进、创新环境与平台建设、首都科技条件平台、首都科技创新券、国际科技合作、科技政务服务于协同创新能力提升、科技创新战略研究及专家咨询、科技普及等相关的专项资金,支持科技服务业发展。其次,北京市科委和北京市财政局共同制定了《北京市科技服务业创新发展试点资金管理办法》,拨付2.1亿元财政经费设立产业资金,支持北京7家试点联盟发展,通过联盟组织面向产业集群的建设,促进科技服务业发展新模式的形成。再次,北京市财政局会同相关部门开展中关村现代服务业综合试点工作,中央和北京市地方共同安排财政专项资金，围绕创新创业和产业生态系统建设，支持科技金融创业孵化、知识产权和标准、技术交易和产权交易等公共服务平台建设，搭建提升行业整体服务水平的市场化和专业化支撑平台，支持集成创新、协同创新的服务业集聚区建设。

2.3.2 法律法规体系逐步形成

自1999年出台《关于促进科技成果转化的若干规定》起，截至2016年共计出台了与科技相关的政策法规317部。尤其是2012—2017年政策出台密集，共制定科技相关的政策法规202部，涉及科学技术普及、专利保护、科技奖励、基金管理、技术市场、中关村国家自主创新园区等。

2002年，北京市人民代表大会常务委员会颁布了《北京市技术市场条例》；2005年颁布了《北京市专利保护和促进条例》，用以规范科技服务业中科技会展、专利交易方面的具体问题，提出鼓励发展专利中介服务机构。2009年，北京市科委公布《"科技北京"行动计划（2009—2012年）》，提出到2012年实现北京科技服务业新增收入1000亿元的目标。同年，北京市科委联合北京市教委等6个部门发布了《关于贯彻〈关于动员广大科技人员服务企业的意见〉》。2011年北京市人民政府发布的《北京市"十二五"时期科技北京发展建设规划》，把做强研发服务业，做大科技中介服务业和做精设计服务业作为"十二五"时期发展科技服务业的重点。2012年北京市科委颁布的《关于进一步促进科技服务业发展的指导意见》和2015年北京市人民政府颁布的《关于加快首都科技服务业发展的实施意见》提出，2020年北京市科技服务业收入达到1.5万亿元，技术合同成交额达到5000亿元等定量指标，计划培育一批具有国际影响力的科技服务业骨干企业、服务机构和知名品牌，建设一批定位清晰、布局合理、协同发展的科技服务业集聚区。

2.3.3 基础设施比较完备

北京市的技术基础设施在国内名列前茅。北京地区产业技术联盟超过100家，成员单位超过5000家。根据中华人民共和国科技部（简称"科技部"）统计数据表明，截至2018年年底，北京有国家重点实验室79个，占全国总数的1/3，拥有国家工程实验室68个，约占全国总数的1/5，国家高新技术企业1.24万家，占全国总数的1/6，创业投资和股权投资管理机构约 4600 家，管理资金总量约 2.8 万亿。万人发明专利拥有量 17.2 件。研发经费占北京市生产总值总量的比重约 6.21%，居全球领先地位。

2.3.4 技术共享服务平台初步形成

科技成果能否及时成功转化，涉及市场需求、技术、政策、权属、价值评估、资金、工程化及相关信息的及时、准确获得等诸多环节和因素。为促进科技服务业企业的发展和科技成果的转化，北京市正在搭建综合性公共服务平台。2010 年，首都科技成果产业化公共服务平台在北京正式启动运营。同年，北京市科学技术委员会启动"生物医药领域成果转化与承接平台"，即"生物医药成果驿站"，不断拓展成果渠道，已汇聚国内外有价值的成果 1102 项。另外，北京市对高校、科研院所采取科技资源整体开放模式，整合全市大型仪器资源，增强服务功能，重点建设"首都科技条件平台"和"大型仪器协作共用"两个科技中介公共服务平台，逐步形成了以市场化、网络化、专业化、规模化为特征的技术共享平台。

3 科技社团参与科技服务业发展的传统模式

科技社团作为科技工作者的群团组织,具有人才荟萃、学科齐全等特点。多年来,科技社团在党的领导下,积极响应党和国家的号召,积极投身于国民经济建设当中,在国家创新体系中占有非常重要的地位。在实际工作中,科技社团充分发挥自身优势,结合自身的实际情况,探索出不少参与科技服务业发展的基本模式。

3.1 院士专家工作站模式

院士专家工作站,是指在学会的牵线搭桥下,由院士或知名专家领衔的专家团队与企业科技人员联合开展研发与技术转让工作的一种模式。院士专家工作站的组建和运行,按照企业与院士专家的参与特点大致可以分为以下五种具体模式。

一是"企业+院士专家"模式。这是最直接、最原始的企业院士专家工作站建站模式，是以"两院"院士为代表的高端专家团队，直接与企业开展技术研发和转让活动。

二是"院士专家+项目"模式。这是由"两院"院士为代表的高端专家直接创建或参与投资企业的模式，院士专家作为智力资源投入参与企业的创建。

三是"院士专家+地方研究院所/高校"模式。这种模式有助于增强院地交流和互动，发挥院士专家战略咨询和智库的作用。同时，地方研究院所、高校和企业在科研、人才培养、项目引进及科研生产上能够实现借智发展，提高自身的科研水平。

四是"平台+院士专家"模式。这是由院士专家在开发区、工业园区内建立院士中心工作站，为区域产业发展提供服务的模式。这种模式适宜建立在园区层面，以"点对面"的模式，主要面向园区内的企业，其中包括具有独立研发中心、研发能力较强的大型企业，也包括研发能力较差的中小型企业，由此形成覆盖面广、服务对象多样化的格局。

五是学会服务站模式。这是学会根据企事业单位或地方政府需求，推荐学会专家，组成具有解决需求能力的专家团队，提供科技研发、技术转让、技术咨询、人员培训等多种服务方式的模式。根据学会服务站建设的依托单位不同，学会服务站又分为企业学会服务站、区域学会服务站和高校学会服务站。在高校学会服务站中，全国学会与地方高校合作建立学会工作站，二者共同为企业服务。

3.2 组建研发实体模式

组建研发实体模式是指企业、学会或者技术人员通过出资或者技术入股的形式组建研发实体，进行技术开发或者技术经营。目前主要有两种形式：一是建立产业与科研联合体，即学会或者技术人员与企业共同研制、开发、生产，组成研、产、销一条龙的高科技研发实体。其特点是结合学会或者技术人员科技开发优势和企业的生产经营能力优势，采取有限责任公司的运转模式组建紧密型的产学研联合体而最终组成一种新型的科技企业；二是学会或者技术人员技术入股，合作生产。其特点是多数采取股份制合作形式，学会或者技术人员以高科技成果折算成股份向企业投资入股，利益分担、共担风险。

组建研发实体的优势是：第一，企业降低技术开发成本的同时拥有了自己的核心技术或者专利技术，而学会或者技术人员既有了新的科研基地又带来了长期的经济效益；第二，这种合作模式通过股权分配的方式解决了双方的权益分配问题，利益纠纷不易发生，既适用于实力较强、目光长远的大型企业与学会或者技术人员的长期合作，也比较适合一些有潜力的中、小企业通过组建研发实体来加强自己的研发能力，从而提高自身的技术创新能力。

3.3 共建科研基地模式

共建科研基地模式是指企业、学会分别投入一定比例的资金、人力和设备，共同建立联合研发机构、联合实验室和工程技术中心等科研基地的模式。目前主要有两种形式。一是学会与企业共建研究和开发机构，各方共同选择高新技术开发课题，由企业提供研究经费，学会提供人才和技术并且吸收企业高技术人才参与和研发的工作；二是学会和企业共建中试基地，技术工作由学会负责，企业在技术人员指导下进行中间试验，中间试验成功投入工业化生产后按合同规定方式分成。

共建基地的优势是：第一，共建科研基地可以为企业储备技术和人才，对于企业研发能力的持续提高有非常大的作用；第二，科研基地可以使企业对某些专业领域的技术创新进行持续的投入，同时也使科研更加贴近市场需求，缩短了技术成果产业化的进程；第三，使双方主体的优势可以充分发挥，学会人员（包括技术人员）具有基础理论知识扎实、实验手段先进、研发能力强的优势，而企业则具有技术开发、生产过程技术化的优势，因而双方结合可以充分发挥各自的优势。

3.4 技术转让模式

技术转让模式是指在学会的支持下，创新主体以契约的方式对专利技术、技术秘密、实施许可等无形资产进行使用权转让的一种经济法律行为。技术转让模式最常见的形式是科技工作者转让专利技术，企业接受专利技术。

技术转让模式的表现形式有两种。一是科技工作者根据自己的工作实践提出课题或者通过一定的渠道申请纵向课题，针对这类课题开展研究取得成果后再寻找渠道将成果提供给企业；二是科技工作者提出课题，物色企业，由企业提供资助，或者由企业根据市场的需要和自身的发展战略向科技工作者制定研发项目，提供经费，研发成果直接流向企业。

技术转让模式的优势在于：第一，技术转让一般以契约为依托，因而权责比较分明，一旦产生纠纷，也能够通过技术合同进行调整；第二，从技术转让的成果来看，技术成果一般是现有的和特定的，往往比较完整和成熟，因而能在短期内促进转让方科研成果的产业化。

3.5 委托研究开发模式

委托研究开发模式是指委托方将所需研发活动委托给受委托方而进行的一种法律经济行为。在这种方式中，企业委托学会的专家对新产品、新技术、新工艺等进行研究开发。在这种合作方式中，企业提出需求、提供资金，学会负责项目开发。这种模式的优势是：第一，委托方在提供资金、承担风险的同时，有可能获得具有一定市场价值的科技成果，而受托方获得科研经费后，有利于对课题的深入研究；第二，这种模式是以契约的形式来约束双方主体，因而权责比较清晰，利益纠纷比较少。

委托研究开发模式是一种典型的市场经济行为，适用于企业的研发经费比较充足、技术要求相对明确、学会研究基础比较好、研究实力较强的情况。在合作前的准备工作中，委托方首先要依据技术需要寻找和遴选受托方，受托方再依据研究基础同委托方进行切磋，进而形成合作意向。之后，委托方和受托方则要根据切磋的内容签订合同。在这种合作中，需要各方主体的诚信和交流，同时更需要合同对于双方权益的保护。

3.6　联合攻关模式

联合攻关模式是针对某一个课题而言的，企业和学会或技术人员双方主体共同努力寻找解决方法的一种合作模式。联合攻关模式大多数情况下以课题为载体，以课题组为依托，由学会派出技术人员组成临时性的研发团队进行研究开发。这种模式的优势是：第一，可以充分发挥双方主体的优势资源，加快对科研课题项目的攻关；第二，使双方的研发能力得到了提高；第三，有利于企业与学会建立合作网络关系，使企业能够更加有效地利用各种资源。

3.7　创新人才培养模式

创新人才培养模式是学会的院士、专家及其创新团队充分依托自身人才和教育资源优势，根据地方单位的发展需求，通过举办培训班、专题讲座和选派优秀技术人员外出学习等方式，帮助合作单位培养适用型人才，或者通过选派专业对口的学生来企业实践、观摩和试验，甚至加入企业，为企业人才培养提供平台的模式。如中国药学会与北京某药业有限公司达成了合作意向，根据需要对公司现有技术人员进行学历升级和技术培训；中国煤炭学会有针对性地面向鄂尔多斯露天煤矿从业人员开展专业技术紧缺人才知识更新培训。

3.8　项目深度合作模式

项目深度合作模式是全国学会和企业对接后形成具体的合作项目（如开发新产品、共建联合实验室等），由学会和企业按照市场机制运作的模式。这些项目或者技术成功开发以后，双方会在市场开发、融资、市场准入等方面进行深度合作。项目深度合作模式能够有效调动学会和企业的主动性和积极性，提高企业工作效率。

3.9　战略科技咨询模式

战略科技咨询模式是专家、学会参与企业战略发展规划编制等前瞻性服务，并为地方区域发展战略、产业发展升级规划、重点产业技术升级路线提供专业意见、建议的工作模式。不同于项目合作，这种模式并不是就某一具体的技术项目、产品开发展开，而是充分借助专家团队的专业知识、战略眼光和科学的技术研判能力，就企业战略思想、发展目标、中长期规划、新产品开发等事关全局、长远、前瞻性问题开展技术咨询和技术合作。

3.10　科技成果转化模式

推动科技成果的转移转化，并取得显著的经济效益和社会效益，是创新驱动发展战略的主要目标，也是产业结构转型升级的必由之路。科技成果转化模式是指为提高成果转化的成效，通过科协搭台，地方单位在与学会、专家团队合作中，根据自身发展需求，直接引进专家及团队的科研成果在孵化平台进行转化，进行中试或者市场推广开发，从而推进成果的产业化模式，其直接解决了科技与经济"两张皮"的问题。

4 国内外科技服务业发展的经验

4.1 国外科技服务业发展经验

发达国家的科技服务业起步于 19 世纪，至今已有 200 余年历史。科技服务业是为科技创新全链条提供市场化服务的新兴产业，主要服务于科研活动、技术创新和成果转化，包括研究开发、技术转移、检验检测、创业孵化、知识产权、科技咨询、科技金融、科学普及等专业科技服务和综合科技服务。作为新兴高端服务业态，科技服务业越来越受到重视，已经成为美国、欧洲等发达国家的主导产业和新的经济增长点。本书将选取美国、日本、德国、英国四国在科技服务业发展方面的典型经验进行介绍。

4.1.1 美国科技服务业发展的典型经验

美国科技服务业总量超过万亿美元，远高于其信息服务业生产总量，美国科技服务业增长速度远高于美国经济平均增速。2011年，美国专业科学和技术服务业增加值11514.55亿美元（2009年其增加值为10458.30亿美元，2010年增加值为10839.50亿美元），占美国国内生产总值比重达到7.6%，在第三产业中仅次于房地产业（12.1%）、金融保险业（7.7%）的生产总值占比，是第三产业中增长最快的部分。

美国科技服务业的特点是充分发挥企业创新主体作用，而政府在产业发展中通过创造良好的发展环境、投入大量科研经费并推行有效的人才政策等，确保企业市场主体地位，培育完善的市场机制，推动了科技服务业健康快速发展。

1. 完善的法律、法规推动科技服务业发展

美国注重从宏观层面构建统一完善的组织管理体系，借以规范、促进科技服务机构的成长，引导中小企业金融机构、信用担保机构、风险投资机构等配套机构的发展。同时，美国制定了一系列惠及科技服务业发展的法律、法规。美国国会制定和发布的与技术创新活动和技术信息服务有关的法律、法规近20个，并试图通过完善的法律法规推动科技和科

技服务业的发展。如《小企业创新研究法》规定,对所有研究与开发经费超过 1 亿美元的政府部门,联邦政府要从它们的研究与开发经费中扣除 1.25% 用于资助小企业进行技术创新。1992 年通过的《小企业促进法》将经费比例从 1.25% 提高到 2.5%,以此鼓励中小企业开展技术研究与开发活动。

2. 建立健全科技服务业组织体系

美国科技服务业组织体系包括营利性组织机构和非营利性组织机构两大类。非营利性科技服务业组织机构分为国家设立和民间设立两类。就美国的现状来看,国家设立的科技服务业组织机构一般数量很少,但是规模很大,并且为美国的科技创新做出了很大的贡献,对于国家整体经济的创新发展起着关键作用。如美国小企业发展中心,其运营经费绝大部分由联邦和州政府提供。目前,该中心已形成了遍布美国 57 个州的全国性网络,拥有 950 个分中心。美国小企业发展中心主要通过免费提供计算机网络、软件使用、管理技术、开发技术等服务,帮助具有高技术的小企业获取更多的市场份额和投融资服务。民间设立的非营利性科技服务业组织机构大部分属于综合性较强的服务业组织机构,其收入来源一般包括研讨会、咨询交流会服务及企业和私人基金会等的赞助。非营利性科技服务业组织机构可以为其客户企业提供有偿市场咨询，在面向会员的内部刊物上登广告等。

而营利性科技服务业组织机构大多以企业形式出现，主要有高科技企业孵化器、技术咨询和技术成果评估企业、特定领域的专业服务机构三种模式。高科技企业孵化器为客户企业提供的科技服务形式主要包括：为客户企业提供场地租赁及所需先进设备的服务；给客户企业提供融资和管理服务；给客户企业提供接待、复印、传真及文秘等服务；给客户企业提供相关法律和会计服务；此外，还为客户企业提供技术咨询、技术转让及各行业的最新资讯等。现实情况下，技术咨询和技术成果评估企业一般不是独立存在的。技术咨询和技术成果评估企业都是在大的咨询公司、风险投资公司和律师事务所之下的一个部门。特定领域的专业服务机构主要是为客户企业提供特定的科技服务，主要针对客户企业在创新发展过程中所面临的问题提供有针对性的知识、信息。如圣荷西市软件发展中心，除了帮助中小软件开发企业取得所需专利和资金外，还针对特定领域为客户企业提供实用软件测试设备。

3. 发挥税收优惠效应和培育风险投资企业

美国政府利用税收政策、金融政策为科技服务业提供创业和发展中所需的资金支持，并鼓励风险投资进入科技服务业。如《经济复兴税法》规定，企业捐赠给大学的仪器设备可作为慈善捐款给予税收减免等。同时，美国政府创造条件培育风险投资业，许多科技服务企业和小型高技术企业都是依靠风险资本注资进而迅速发展起来的。联邦政府以优惠的利率贷款给专门投资于科技型小企业包括科技服务企业的风险投资公司。技术的进步和高科技企业的发展带动了市场对科技服务业的需求，而风险资本也为促进整个科技服务业的发展与进步提供了更多的融资渠道。

4. 注重科技服务人才的储备、引进、培育和激励

美国拥有全球最顶尖的大学，如麻省理工学院、哈佛大学等；科学园区已有150多个，位居世界之首。这些均为美国培育和储备出色人才奠定了扎实的基础。美国的包容理念、强大的经济实力、良好的科技环境和发达的人力资源开发与管理体系，吸引了全球大批高级人才，有力地保证了科技服务业的人才供给。美国实行的"绿卡制"和优秀留美学生奖学金制度，为来自不同国家和地区的人才提供了充分的权利保障。另外，美国的科技服务机构，每年都投巨资用于内部人才培养与培训，以充分适应不断变化的市场需求。美国重视优化人才的激励机制，除了提供丰厚的薪酬外，还有股权

激励等机制,如1950年美国总统杜鲁门签署的《1950年收入法案》和院士制度。

5. 宽松的创新文化氛围和全面的科技平台服务

美国十分注重营造创业和创新的文化氛围,由此吸引创业者投入科技服务业,调动了创业者的积极性,同时保护了他们的合法权益。美国一直致力于创造一个开放的、公平竞争的市场环境和完善的公共服务。此外,美国建成大型、昂贵的实验设施有偿供给企业使用,改善政府采购工作,不断推出大型的科技发展计划;美国商务部加强对科技信息的收集促进了政府、企业科研机构之间的创新活动,如技术伙伴计划、先进技术计划、制造业推广合作计划、未来产业计划等。美国政府实施的这些平台建设措施,为科技服务业的发展提供了良好的外部条件。

6. 信息资源的协同配置与开放共享为创新提供了重要支撑

美国作为创新能力位居世界前列的国家,是信息资源共享方面的创始者和实践的成功者。在建成了由卫星和地面观测网组成的地震和气象监测系统、国家数字图书馆、硅谷科技园等重大科技基础设施的基础上,美国政府自20世纪

90年代以来，又在科学数据方面实行了"国有科学数据完全与开放共享国策"，财政设立专项资金连续支持数据中心群的建设，并利用法律手段保障其信息畅通。据有关统计，在实施数据"开放与共享"政策的10年间，美国后5年的平均年经济增长率比前5年增长了1.1%，其中0.5%是由数据和信息的流通和应用所产生的。近些年来，随着创新主体间的信息交互更加频繁，以系统、部门独立运作为主的信息资源配置模式已经难以适应新形势下的国家创新发展要求，加之信息技术的深入渗透与网络应用的广泛普及，均推动了信息资源协同配置的产生与发展。信息资源协同配置是在信息资源共建共享基础上，对传统配置流程的优化与配置模式的改进，是开放式环境下实现国家创新系统稳定运行的必然选择。总体而言，美国在信息资源协同配置实践上取得的成果主要包括以下三个方面：一是各类图书馆间通过缔结联盟建立了形式多样的信息资源共享系统；二是在政府宏观指导下，由各行业协会通过其健全的信息渠道，为企业提供市场、技术、社会和政治情报等丰富的信息；三是各类知识创新联盟、技术创新联盟加强创新主体间的沟通合作，有效实现创新主体间的资源互补与供求平衡。为更好地实施美国的开放创新战略，美国商务部在2012年发表的《美国的竞争力和创新力》(Competitiveness and Innovative Capacity of the United States)报告中指出，美国应该在两个方面加以改进：一是增强政府数据的可获取性；二是鼓励市场增强透明性，在卫生、能源、教育等产业之外，继续加大其他产业的数据共享。

4.1.2 日本科技服务业发展的典型经验

第二次世界大战后，日本积极实施"科技创造立国"战略，很大程度上助推了日本成为经济科技世界第二大强国。日本实施政府主导型发展模式，对技术创新活动进行直接干预，大部分的大型科技项目都是政府直接干预的结果。

1. 为科技服务业发展提供法律保障

日本对科技服务业的扶持上升至国家战略层面，1995年出台了《科学技术基本法》，这是第一部支撑日本科技体系的基本大法。随后日本分别在1996年、2001年、2006年、2011年实施了《科学技术基本计划》第一期、第二期、第三期和第四期的计划。2002年，日本政府制定《知识产权战略大纲》，确立了知识产权立国的战略目标；同年又颁布了《知识产权基本法》，规范、推动、控制知识产权战略的实施。这些法律政策给日本科技服务业发展提供了良好的契机。

2. 建立多层面的科技服务体系

日本的科技服务业发展模式主要有以下四种：大型咨询科技服务业组织机构、政府委托科技服务业事业法人机构、民间科技服务业组织机构、科技孵化器。大型咨询科技服务业组织机构拥有丰富的实践经验及完善的咨询服务，其资金雄厚，主要为大、中型商业集团和跨国集团提供决策、技术、工程和管理咨询服务。同时，大型咨询科技服务业组织机构还参与日本国防和尖端技术的研究和开发工作。政府的委托服务机构主要由日本政府法人委托，承担着中央或地方政府委托的事业，主要用于为日本中小型企业提供全方位的科技服务，并承担日本政府专项拨款的执行情况、组织有关资格考试认证，等等。同时，政府的委托服务机构也提供一些与日本经济发展有关的重大战略性基础技术及产业化比较困难的新技术服务。民间科技服务业组织机构主要包括由个人开办的为科技企业服务的咨询公司，以及由各个大学、科研单位和企业创办的事业机构，针对客户企业的现实需求提供切实可行的科技服务，如富士通总研究所和大阪的木村经营研究所等。科技孵化器的主要服务对象包括一些创业不久的企业、进入新领域的中小企业，以及已成型的发展新事业的中小企业等。日本科技孵化器主要通过与高校等科研机构互相合作,将科研机构所研发的技术成果转移给合适的企业,同时把社会、产业界的需求信息反馈到科研机构,进而促进科研机构与客户企业之间的紧密联系。

3. 为中小企业设立专门的金融机构和担保机构

日本政府通过一系列的制度措施保证经济资源向高技术产业和中小企业倾斜。日本《中小企业基本法》明确规定:政府为实施有关中小企业的措施,应采取法制上、财政上及金融上的必要措施;国家采取巩固政府金融机构功能、充实信用保证、指导民间金融机构对中小企业适当投资,保证对中小企业的资金供应。政府设立专门的担保机构,如信用保证协会、中小企业信用保险公库和风险基金等,为中小企业从银行等金融机构获得贷款提供担保。此外,建立完善的信用制度,通过提供无抵押保险、普通保险、海外投资保险、环境设施建设保险等信用保险,确保科技服务企业顺利解决融资难的重大问题。

4. 发挥部门监管和行业自律协同作用

日本实现对科技服务业产业的监管主要依靠政府和服务业协会的共同作用。一是日本政府非常重视发挥对该行业行为规范的监管职能。在宏观层面上,通过制定相关政策并加以有效推行实施;设立了产业发展推进部,负责执行对科技服务业的监管、约束等职能。二是鼓励建立科技服务业的行业协会。在信息业发展初期,日本设立了信息服务产业协会、信息处理振兴事业协会、计算机应用协会等多个信息产业的协会,主要通过为相关行业制定行业标准实现调节与控制,同时提供优化企业成本、协作发展、技术交流和处理劳资纠纷等服务。

5. 注重创新人才的培养和激励

东京都市圈内拥有大学约 130 所,其中东京大学、东京工业大学、东京医药大学等高等学府享誉全球。东京都市圈高校综合实力和科研能力强的优势非常有利于创新人才的创新能力的培养,更有利于培养出适合知识密集型高技术服务类产业发展的高端人才。截至 2014 年,日本获得菲尔兹数学奖的科学家共 3 人,诺贝尔物理、化学等奖项获得者约 16 人,这些科学家有很多就职于或曾就职于东京大学等著名高校,这对科技服务业创新发展中所需人才的培养非常有利。根据《人才派遣法》,日本政府设立了许多人才派遣公司,汇集了众多领域的人才,可根据中小企业的需要,及时派出相应的专业人才。日本《大学等技术转让促进法》规定,将政府研究机构研究开发出的技术以很优惠的条件向中小企业转让，并指导中小企业进行商品化开发，进而弥补中小企业科研开发力量不足的难题，并使其成为激励科技服务从业人员创新的重要措施。人力资源政策上，采用"中途录用""临时租借""产学官合作"等多种措施，保证了企业发展所需的各类人才；聘请外国年轻的优秀科学家，加强科技情报服务能力。所有这些人才法规和政策，既为科技服务业的发展提供了必要的人才储备，又大大促进了科技服务业自身的发展。

4.1.3 德国科技服务业发展的典型经验

大力发展科技中介组织，使之在科技服务业发展及国家技术创新中发挥推动作用，是德国发展科技服务业最显著的特征。科技中介组织是科技服务体系的重要组成部分，其中技术转移中心和行业协会是科技中介组织的主要形式。

1. 构建以行业协会与技术转移中心为主的强大服务体系

德国行业协会的服务功能强大，主要由三大类系统组成：一是德国雇主协会；二是手工业联合会、德国工业联合会、交通运输业联合会等；三是工商会。德国的行业协会按市场化运作,创收来源主要是会费和服务收益,主要提供信息、咨询和职业教育三方面服务。德国技术转移中心是全国性非营利的公共组织,遍布德国各州,以中小企业为主要服务对象,开展咨询、专利、技术和成果转化等"一站式"系统化的服务,如德国较为著名的技术转移机构有史太白技术转移中心和弗朗霍夫协会。

2. 设立专项基金和搭建服务平台,促进技术创新

德国政府积极研究设立风险基金和研究基金,以便为企业在创新和成果转化过程中提供充足的经费并助其降低风险。2005年,德国政府和经济界共同设立"高技术创办者基金",金额为2.6亿欧元,用于资助新涌现的高技术企业;设立专项投资计划支持中小企业的技术创新活动,成立专业机构管理中小企业研究基金,如工业研究、工商会创新咨询服务站和工业研究联盟等。科研专项基金的设立进一步促进了科技中介机构、科研机构和企业之间形成互惠互利的关系,有助于三方全面开展产学研合作,构建多方研发主体与科技服务机构交流合作的平台。

3. 重点扶持中小企业发展,为科技服务业发展提供保障

德国政府构建了关于中小企业的完备的法律体系,如《中

小企业法》和《中小企业组织原则》等。该类法律文件规范了中小企业行为，为中小企业创造了良好的社会环境，提供了财税支持，包括实施贴息、投资补贴、担保和信用贷款等资金扶持；对创业阶段的中小企业实行税收减免政策；对新建企业所消耗的动产投资，免征50%所得税；对有的国家级大型科研项目甚至规定，项目申报中必须至少有一个中小型企业参加，否则不予批准等。这都为促进德国中小企业发展创造了机会，给科技服务业发展提供了广阔的空间。

4.1.4 英国科技服务业发展的典型经验

英国的基础研究力量强大，但在科技转化和创新上落后于美国、日本等国，科技服务业的发达水平也较美国落后。英国的科研与工业发展脱节，特别是对应用科学的忽视，使得许多科技成果未能在英国本土优先应用。为此，英国政府采取了一系列科技服务业的激励政策：在基础研究领域，全面私有化和撤销管制规定，市场主导性明显；在应用领域，政府参与制定科技政策，体现政府主导的模式；同时，发展社会自治力量，社会科技中介组织的主导作用普遍增强。

1. 促进技术转移，加快技术成果商品化

20世纪80年代，英国政府在认真反思其工业衰退原因后，采取了一系列措施鼓励合作研究。为了鼓励科学创新的产生，英国政府制定了一系列合作研究计划。1986年，由政府部门资助的 LINK 计划是英国政府支持合作研究的主要机制，其目的是支持英国产业界与科学研究机构的合作，让科学技术为生产服务。英国政府对于科技政策的调整为科技服务业的发展带来良好的发展契机。

2. 加快政策调整，吸引科技人才

在吸引优秀科技人才方面，英国政府与沃尔夫基金会及皇家学会合作，共同发起了一个高级人才招聘计划，即每年出资400万英镑作为启动资金，帮助研究单位高薪聘请50名世界顶尖级的研究人员，使英国能在世界人才市场上争夺最优秀的科技人才。同时，将每个博士生的基本津贴从2000年的6800英镑，逐步提高到2003年的9000英镑，以争取把更多的高素质青年吸引到科研队伍中来。英国政府近年来调整了对外来移民的工作许可证制度，放宽了对外国技术移民的法律限制。

3. 增加高校科研投入，推进大学研究的商业化

英国政府为了加快高校科研的市场化和商业化发展，于

2001年推出两项计划：一项主要是在若干高校内投资创建科学企业挑战基金，用于继续开发研究人员的创意，直到工业界可以使用，或资助高校吸收风险投资以促进科技成果产业化；另一项主要是在英国的大学中建立企业中心，用以支持研究成果的商业化，培育向科技企业家转化方面的新思想，并将企业教育融入科学和工程教育中。

4. 注重培养科技精神，发挥科技组织力量

英国政府非常注重国民科技精神的培养。1994年发起了一个名为"公众对科学、工程和技术的认识"（PUSET）的活动，旨在吸引更多的人参与到科学、工程和技术的研究中来，同时提高公众对科学、工程和技术所做贡献的认识。而且，英国政府始终保持着对教育的巨额投入，每年的教育支出占国家预算总开支的8.15%以上。此外，英国社会领域活跃着大量的民间科技组织，如维康信托基金会、盖茨比慈善基金会、沃尔夫基金会等，它们通过各种基金项目与英国政府一同推进科技服务业的发展。

5. 构建社会创新发展的新模式

在过去的30年中，全球大部分国家以市场经济为基础，实现了经济的增长，但同时也造成了贫富分化等社会问题。

社会创新强调创新创业的公共利益导向性,能有效地弥补市场不足和缺陷。英国构建社会创新发展新模式经历了以下三个阶段。

第一,在矛盾和冲突中诞生的社会企业。社会企业,是指不以股东追求利益最大化的需要为驱动力,而主要追求社会目标,且盈余主要被再投入到追求这些社会目标的实现或投入到社区当中的机构。社会企业的目标不仅在于创造经济效益和解决就业,还着力于解决社会面临的巨大挑战,比如为当地社区制定可再生能源解决方案或者为残疾人士提供就业,从而促进经济发展与社会进步的双重目标实现。英国社会投资和社会企业的雏形最早诞生于19世纪中期,到20世纪的八九十年代开始了较大规模的发展。在撒切尔夫人任首相期间,由政府职能缩小导致的市场化、私人化和随之而来的全球化造成城市贫民增多、移民和国内居民矛盾冲突加剧等问题,使整个英国社会处于冲突的边缘。而社会企业正是在这样的社会背景中诞生,但激烈的市场竞争使大多数社会企业很难生存下来。布莱尔上台后,他认为国家应该在公共事业领域积极承担责任,同时支持科技社团的发展,主张尽力与私人和民办部门结成伙伴关系。社会企业由此得以蓬勃发展。2016年,社会企业正在为英国最贫困的地区带来希望和繁荣，是英国经济复苏计划中一个不可或缺的组成部分。

第二，社会企业发展的生态体系建设。英国对社会企业的支持力度可以说是在世界上最大的。经过20多年的发展，英国已建立了一个涵盖法律模式、政府采购政策和金融产品的生态体系，并设立了众多智囊团和中介组织机构，通过政策宣传、研究和推广来支持其发展壮大。一是明确社会企业的法律地位。2004年英国政府通过了《社区利益法案》，专门增设社区利益公司类别，并规定社区利益公司的资产不分配给成员或股东，以确保其服务于社会目的的纯粹性。由于其社会使命受到保护，社区利益公司可以吸引捐赠资金，法律依然允许其通过贷款、发行股票或债券来筹集资金。二是加强社会企业的管理。2004年，英国政府成立社区利益公司管理局。2005年，成立英国第三部门办公室，并专设社会企业和融资组。管理机构通过制定政策为英国社会企业发展创造良好环境的同时，还提供政策项目。三是制定有助于社会企业发展的政策措施。2002年，英国政府开始推行"社会企业战略"，通过帮助社会企业克服所遇到的市场问题，达到营造有利环境、发挥更大作用和实现更大价值的目的。2006年，英国12个政府部门联合制定了《社会企业行动计划》，让社会企业更容易签订公共服务合同,甚至为此专门通过了《公共服务(社会价值)法案》。2008年国际金融危机之后,英国政府对社会投资更加重视,不仅在国内大力支持社会投资和社会企业的发展,而且开始在全世界领域推行其理念。2013年,英国首相卡梅伦在八国集团社会影响力投资论坛上声称社会投资是"伟大的想法,有望改造我们的社会,用金融的力量,处理最为困难的社会问题,那些让各个国家、各界政府及不同时代的人们备感沮丧的问题"。

第三,社会企业快速发展且前景广阔。英国社会企业的服务内容涉及临终护理、儿童福利、膳宿服务、房地产、社区服务、教育等众多领域,经济和社会价值逐渐被政府、企业和公众所认可。目前,英国已成为全球社会企业、社会投资、社会创新领域的领跑者。2012年,英国大使馆文化教育处社会与发展项目总监马湄丽、英国社会企业领域独立顾问丹·格利高里指出,在过去5年里,英国所有初创企业当中有1/3是社会企业,它们不仅增长速度和创新步伐超过中小型企业,而且对未来也抱有更乐观的态度。2013年,英国内阁委托BMG咨询公司对英国的社会企业进行的抽样调查显示,相较于一般中小企业,社会企业在以公益为目标、商业化运作机制、对公共财政依赖程度等各方面都具有比较优势，显示出强大的生命力。对于社会企业今后的发展前景，英国的一些理论家预测，私营部门、公共部门和志愿组织之间的传统界限将会变得模糊。欧洲工商管理学院的桑托斯教授说："我们正处于一个转折点……原来衡量企业成功的标准是利润，而现在采用的是社会影响力。"哈佛商学院的波特教授声称："企业的目的是致力于创造共同的价值，而不是仅仅追逐利润本身。这将推动全球经济的下一波创新和生产力发展，还会重塑资本主义及其与社会的关系。"

4.2 国内科技服务业发展经验

4.2.1 青岛科技服务业发展经验

"十二五"期间，青岛市初步构建了科技服务网络，科学技术创新和服务水平也不断提高，带动了区域经济的高速发展。统计数据显示，2005—2013年青岛市现代服务业增加值占服务业（第三产业）增加值的比重年均提高3%，保持了较快增速，其中科技服务业增加值占现代服务业增加值的比重基本保持在6%，增速在15%以上，科技服务业规模呈现持续扩张的态势。2013年，青岛市现代服务业增加值为2023.63亿元，占服务业增加值的比重达57.41%，其中科技服务业增加值为119.04亿元，已成为区域经济增长的新引擎。

1. 专业服务机构日渐壮大，初步形成产业支撑体系

科技服务业上下游产业链较长，业务范围广，迫切需要专业化机构的服务网络协调与体系支撑。近年来，青岛市从技术咨询、信息服务、风险投资、成果孵化等层面搭建科技服务平台，初步形成了产业支撑体系。①科技孵化器。2016年，青岛市建有各类科技企业孵化器共计47家，其中国家级孵化器12家，市级孵化器8家，形成了"企业创业导师+专业孵化+创业投资"的科技企业孵育模式。②生产力促进中心。青岛市拥有科研与技术开发机构500余家，科技活动人员达6.3万人，有国家级重点实验室7家，省部级重点实验室81家，市级重点实验室51家，国家、省市工程中心125家，产业技术创新战略联盟42家。生产力促进中心与担保公司联合发起成立了"青岛市科技担保联盟"，建立了企业发展评价和风险分担体系，与金融机构共建贷款平台，实施"融资直通车计划"和"创新中小企业培育计划"，进行知识产权质押贷款担保和科技贴息服务，创新科技金融模式，开展了公共研发平台融资租赁履约担保业务，降低了融资门槛，提高了效

率。③科技服务平台。青岛市积极探索融资租赁、贷款直购、投资管理、无偿资助等平台建设模式，调动社会多种主体资源，构建各类科技服务平台，包括海洋药物、生物技术药物、食品药品安全性评价检测等10个公共研发平台，汽车零部件、中小企业信息化、国际动漫游戏产业等5个专业技术服务平台及1个科技创新综合服务平台。④科技市场服务机构。建设了青岛技术交易市场、国家专利技术交易中心（青岛）蓝海技术交易服务平台等服务机构，拥有科技中介和技术转移机构47家，技术合同服务点6家，技术经纪人96人，形成了"政府+行业+中介+经纪人"的科技市场服务体系。

2. 进一步完善产业政策，提升科技服务能力

从2013年开始，青岛市相继出台了《关于加快创新型城市建设的若干意见》《青岛市科学技术局促进科技成果转化技术转移专项补助资金实施细则》等一系列扶持和促进科技型企业孵化、高新经济体培育、成果转移转化及激励科技人员的政策，在全国率先提出了"四补"措施，即补中介机构、补技术合同成交量、补技术经纪人和补大学科研机构成果转化。上述政策措施涉及产业发展所需的各项要素，提升了青岛区域经济"家电电子""装备制造"等特色产业集群的科技创新能力和服务能力。

4.2.2 广东科技服务业发展经验

1. 政府高度重视科技服务业的发展规划先导

广东省委、省政府高度重视科技服务业发展的规划引导。2008年,《广东省关于加快建设现代产业体系的决定》提出了"构建以现代服务业和先进制造业为核心"的现代产业体系,并将"科技服务业"纳入发展现代服务业的重要内容。广东省科技厅于2009年在全国各科技管理部门率先设立科技服务与管理处,负责促进科技服务业发展工作;积极开展促进广东科技服务业发展战略调研,组织专家研究广东科技服务业发展路径,完成了"广东省科技服务业发展重大问题研究报告"。同时,还组织实施了"广东省促进科技服务业专项计划"。在《广东省人民政府办公厅关于促进科技服务业发展的若干意见》中,提出了广东科技服务工作重点突破六大领域:研发设计服务、检验检测服务、科技成果转化服务、科技金融服务、科技服务外包和科技咨询。

2. 出台促进科技服务业发展的一系列政策

2008年,《广东自主创新规划纲要》《关于加快吸引培养高层次人才的意见》《关于加快经济发展方式转变的若干意见》等一系列重要政策、措施为广东省调整产业结构、提高企业自主创新能力、提升产业竞争力、营造技术创新的良好环境提供支撑。广东省科技部门认真落实《珠江三角洲地区改革发展规划纲要（2008—2020年）》，坚持把自主创新作为转变经济发展方式的核心推动力，坚持"大科技、大开放"的发展思路，以实施"十大创新工程"为引领，突出推进科技服务业发展，带动战略性新兴产业、先进制造业及现代服务业的高端集聚发展，不断提高先进技术产业与优势产业的核心竞争力。珠三角地区率先认识到科技服务业的重要性，纷纷出台政策加以引导。2010年，东莞市出台了《东莞市加快发展科技服务业实施办法》，成立了科技中介同业公会，重点加强科技服务业体制机制建设；深圳市率先从立法角度推进科技服务业发展，继续探讨创新技术市场交易的商业模式，大力推动华南国际技术产权交易中心发展，草拟了《深圳经济特区技术转移条例》，并于2013年6月1日起施行。

3. 不断完善科技服务业体系建设

第一，推动高新区创新发展，促进高新技术产业持续快速增长。2012年，广东省21个高新区营业总收入达2.05万亿元，同比增长约19%（同口径统计对比，下同），实现工业增加值5000亿元，同比增长21%，增速比广东省规模以上工业高出 10 个百分点，占广东全省工业比重达 20%。广东省认定高新技术企业预计超过 6500 家，数量居全国第二。积极推进创业孵化，加速载体建设，广州、深圳、东莞 3 个国家级高新区纳入国家科技服务体系建设试点。2012 年，广东省高新区呈现逆势而上、快速发展态势，有力带动广东全省经济企稳回升。广东省 21 个省级以上高新区营业总收入达 2.05 万亿元，增长 19.0%。其中 9 个国家级高新区营业总收入 17935.76 亿元，增长 18.9%；12 个省级高新区营业总收 2569.46 元，增长 19.6%。东西两翼高新区增速快于珠三角，高新技术产业向东西两翼转移和扩散。

第二，加强专业镇的扶持力度，发挥专业镇转型升级作用。2012 年，广东省先后出台了《中共广东省委、广东省人民政府关于依靠科技创新推进专业镇转型升级的决定》和《广东省人民政府关于加快专业镇中小微企业服务平台建设的意见》，新增 5 亿元财政专项建设专业镇中小微企业九大公共服务平台；深入实施"一镇一策"行动计划，继续推进"一校（院所）一镇"产学研合作，加快推动广东全省传统产业优化升级，为专业镇广大中小企业提供技术创新服务，加快推动专业镇传统产业转型升级。除深圳、广州以外，超过 50% 的地区生产总值以专业镇形态出现，成为广东省经济和产业发展的重要支撑和载体。同时，专业镇发展也成为科技服务业的主要组织部分。

第三，加快生产力促进中心体系建设，提升服务水平和能力。2009年6月，广东省被科技部列为生产力促进中心体系建设重点行动试点省。2010年，其开展了生产力促进中心申报备案工作，新备案或新建了42家生产力促进中心。佛山生产力促进中心、中山生产力促进中心成为国家级示范生产力中心。2016年，广东省共有7家国家级示范生产力中心。2012年，成立了专业镇中小微企业服务平台建设专项资金，以扶持广东省生产力促进中心特别是专业镇生产力促进中心的发展。截至2012年年底，广东省共有生产力促进中心125家，在岗人员3000多人，总资产近30亿元，政府年投入2亿多元，年服务企业共4万多家，为企业增加销售额近150亿元，为社会增加就业人员6万多人。

第四，积极培育和发展科技服务机构，科技服务业迈向新的发展阶段。2012年，《广东省人民政府办公厅关于促进科技服务业发展的若干意见》的出台，表明科技服务业政策体系逐步完善。新增一批科技服务机构和技术转移示范机构；推进"广东现代服务交易中心"建设，引进一批专业服务机构。2013年，科技部门努力推进科技服务业超市建设，旨在通过发展新的服务业态促进科技服务业朝规范化、专业化和便民化的方向发展。在推进技术合同认定登记管理工作方面,2012年认定登记技术合同19663项,合同成交金额369.8亿元,其中技术交易额318.5亿元。

第五,服务平台不断完善。截至2012年年底,广东省共有180家省重点实验室,37家省企业重点实验室,19家国家重点实验室,6家省部共建国家重点实验室培育基地,18家省公共实验室及30家省重点科技基地,共同构成了极具广东特色的实验室体系。新增国家工程中心4家,全省国家级工程中心达到20家;新增省级工程中心31家,省级工程中心达到552家;全省科技服务平台进一步完善,实力不断增强,为产业和企业技术创新提供了更为充足的技术储备和原动力。

4. 加强资金扶持力度和广度

第一,加大研发投入。2011年,广东省研究与开发经费投入突破1000亿元,研发投入强度达到1.96%。2012年,广东省全社会研发投入超过1200亿元,5年来年均增长25%,研发投入强度达到2.1%,超过全国平均水平,标志着广东完成了研发投入强度"S曲线"的快速爬坡阶段,已经突破自主创新生长期向成熟期发展的拐点(以2%为衡量标准),

进入创新驱动经济发展的全新阶段。其中，珠三角地区的研发投入超过 1000 亿元，研发投入强度已接近发达国家的 2.5%水平，成为与环渤海、长三角并肩的创新型区域。

第二，各类科技计划项目投入力度加强。2004 年，广东省启动了科技中介服务体系专项计划，旨在重点扶持和发展科技服务机构。2010 年，广东省制订了促进科技服务业发展的专项计划，重点支持科技服务业发展政策法规环境建设和科技服务机构能力建设。2012 年，广东省新增国家自然科学基金重点项目 32 项，获得国家自然科学基金经费达 14.53 亿元，比 2011 年增长 35%。2012 年，广东全省获得国家财政科技资金支持超过 50 亿元，其中在"973 计划"、国家自然科学基金等领域获得 23 亿元，在高新技术领域获得 20 亿元。此外，加快完善《广东省自主创新促进条例》配套政策。2012 年，广东省共获得国家创新基金立项 476 个，资助金额 34847 万元，增幅全国第一，继续保持良好的增长态势；不断完善自主创新政策体系，推动民营科技园建设指导意见、改善创新环境行动计划、企业研发机构建设规划、促进科技服务业发展等多个重要政策文件的实施；积极落实企业研发费税前扣除政策。2011 年，共有 6000 多家企业落实加计扣除额超过 294.5 亿元，累计超过 750 亿元；帮助企业减免税费 73.6 亿元，累计超过 180 亿元。积极落实高新技术企业扶持政策，2011 年广东省高新企业共减免所得税 121 亿元。

4.2.3 中国台湾地区科技服务业发展经验

19 世纪 70 年代，为了推动传统产业转型升级，谋求经济可持续发展，中国台湾地区开始筹划建立新竹科技园，创设生产与科研相结合的基地。1980 年 12 月 15 日，新竹科技园正式成立，园区规划面积 21 平方千米。园区基于当时的发展现状，提出了以大力发展科技服务业为主线，以园区分期开发为重点，逐步推进园区崛起的战略发展思路。

几十年来，通过大力发展科技服务业，集聚创新人才，不断拓展延伸产业链、创新链和价值链，新竹科技园已成为孕育中国台湾地区高技术产业发展的基地，并将该地区科技产业推向世界舞台，成就了其中国台湾地区第一科技园的美誉。近年来，园区生产总值占中国台湾地区经济总量的 10% 左右，园区产业国际竞争力逐步提升。新竹科技园不但为中国台湾地区开创了许多前瞻性、关键性的技术领域，培育了无数的科技人才，也孕育了多个新兴科技产业，极大地提升了中国台湾地区的产业技术水平，在推动中国台湾地区产业转型升级与经济持续发展方面发挥了重要作用。

1. 坚持产学研三位一体,优化创新资源配置

在新竹科技园整体推动体制中,高等院校和科研院所是基础研究和人才培养的重要基地;企业是技术的最终需求方和应用载体,它们或通过科研机构衍生,或通过与园区内相关科研机构签订合同,共同开发新产品、新技术。为推动不同领域的科技创新与发展,实现科技与经济的紧密结合,中国台湾地区以科技计划项目方式来推进。目前,中国台湾地区设立的科技计划项目有三大类别:法人科技计划项目、业界科技计划项目和学界科技计划项目,这些项目研究的主要目的是:第一,协助产业升级转型,加强产业创新研发能力,提升整体产业国际竞争力,着重开发创新性、前瞻性技术,以协助建立新兴产业及领导型产业,开发关键性技术与关键性零组件,加快传统产业升级;第二,构建产业发展所需的检测验证基础设施,推动技术引进,加强国际科技合作等。科技项目是由专家提出的,运作则是根据产业需求及产业政策规划制定产业技术发展策略,由财团法人研究机构、业界及学界执行,再将研发成果转移落实。同时,中国台湾地区通过科技奖项、科技基

金及税收优惠等研发激励措施,鼓励企业加大研发投入和产品创新,促使新竹科技园成为全球政产学研结合最为紧密、创新最为集中的科技园区之一。

2. 推动科技创新战略,提升产业竞争力

新竹科技园的发展历程分三个阶段展开。第一阶段为技术转移期,主要以人才、技术、项目的引进为主。第二阶段为培养产品竞争期,重点在科技生根、市场拓展、确立自主生产能力、保证基本材料及零部件供应等方面建立高级工业基础。在这个阶段,园区的集成电路产业发展日趋成熟,带动了集成电路产业上、中、下游和外围支持产业的蓬勃发展。计算机产业由早期的代工角色,进入了具备技术开发能力及自有品牌时代。第三阶段为产品突破期,重点在于自主知识产权突破、产品创新,生产的产品全面进入世界高级工业品竞争的行列。

3. 整合创新资源,建立强大的科研体系

20世纪90年代后期,发达国家大批电子制造企业的外移为新竹科技园产业研发机构的集群式发展提供了难得的空间载体和发展契机。新竹科技园区逐步形成了企业集聚+产业链分工合作+研发机构集群化发展的硅谷模式,研发机构的集群式发展提升了新竹科技园持续发展的创新能力,推动了中国台湾地区从低成本制造中心到全球创新经济体及高附加值制造中心的成功转变。

4. 实施科技人才引培战略,增强园区发展后劲

新竹科技园始终坚持国际化科技创新人才引进与培养策略,持续致力于国际级创新人才的培养,积极网罗一流科技人才,并为人才打造良好的国际化创新创业环境。在人才政策方面,新竹园区允许科技研发团队或研发人员以高于一般比例的专利权或专利技术作为股份投资,其作价最高达总投资额的25%,大大提升了研发团队或研发人员推动其专利技术产业化的激励。在国际化人才引进方面,通过定期的海外揽才会和合作机构的推介,积极引进在工业发达国家学习且工作经验极为丰富的专业技术创新团队和领军人才。在国际化人才培养方面,聘请海外名师来园授课,定期指派员工到合作机构交流,扩展员工的国际视野。在人才创新创业环境营造方面,园区内分为工业区、住宅区、休闲区,建有国际水平的标准厂房、高级公寓。同时,园区内还建立了各类学校,这些良好的环境条件吸引了大批高科技人才,为园区的高端、可持续发展提供了强大的发展后劲。

5. 全面扎根市场需求，加速科技成果产业化

新竹科技园在其科研链条的各个环节都与产业界保持紧密的联系，真正实现了从产业中来到产业中去、科技与经济结合的良性循环。园区内各行业技术创新联盟成为连接产业界的研发能量，不仅接受企业界的研发委托项目，也与企业界共同合作研发项目。新竹科技园还建立了强大的产业服务体系，除设立多项科技基金鼓励园内企业进行创新，引进风投资本投向半导体、光电、计算机、通信、生物医药五大领域，还开发了丰富的技术衍生增值业务，通过知识产权的授权与许可、新创企业、企业孵化、生产试验、技术辅导、人员培训、咨询服务等方式，将研发成果转移到产业界。

5 科技社团参与北京科技服务业发展新模式

科技社团利用其跨部门、跨学科、跨行业和跨地区的组织体系，将不同部门、行业和区域创新资源加以整合，广泛吸纳国内外创新资源；通过搭建学术交流平台和公共研发平台、组建重点实验室、集聚人才等措施最大限度地发挥科技资源配置效能，降低企业创新成本，实现了产业的高效、开放、集约式发展，为开展科技创新活动提供有力的保障，并在实践中探索出开展科技服务的多种工作模式。由于科技社团的类别不同，所采取的服务模式也不尽相同。

北京社团资源丰富，发展科技服务业基础雄厚。科技社团在参与科技服务业发展的传统模式，如院士专家服务站、共建服务站、委托开发、人才培训、信息传递等基础上，又衍生出许多可复制、易推广的新模式。

5.1 "共创+共建+共享"自组织自服务模式

这种模式是指科技社团从共创、共建、共享三个维度通过自组织自服务形式帮扶创业企业，从而促进科技服务业发展的一种新模式。其创新之处在于：首先，这种科技社团是草根组织，而不是半官方的科技社团；其次，其采用自组织自服务的帮扶形式帮扶创业企业，促进科技服务业发展。

共创主要表现为中关村赛德科技企业成长互助促进会（以下简称"赛德"）内部信用贷款。赛德打造以成员评价体系为底层的数字社区，沉淀成员的行为数据和信用数据，包括赛德评价体系和数字社区建设，从会员的"活跃度""靠谱度"和会员企业的"创新度""成长度"等方面进行多维度信息采集及评价，并推动深度行业集群的形成，以实现产业集群的协同及升级。基于赛德会员评价体系，形成了独具赛德特色的科技金融服务"互助基金"，用于靠谱成员短期资金借款，既充分利用了成员闲置资金，又推动了创业者诚信建设和经营。同时，赛德还成立生态基金——"老腊肉陪跑基金"，通过绿色合伙人及陪跑服务的探索，使创业资源如信息、技术、管理、人才等更深层次地参与到潜力企业中，长期陪跑，围绕共同目标共同创造，从而推动了初创企业的高速成长。

共建主要表现为已经成功的创业者之间自发成立的一种组织，如新三板董事长俱乐部、稻盛和夫研习组、高尔夫球队、创盟跑团、创盟悦读群等。其通过自组织内部的沟通与交流，采用一对一帮扶模式解决创业者在创业过程中遇到的问题，如技术、管理、融资、标准等，而这些问题是已经成功的创业者曾遇到并已经解决的。通过一对一帮扶，既可以更好地解决其创业过程中遇到的问题，又有效地促进了科技服务业的发展。

共享的典型代表仍是赛德。其共享主要表现为利用互联网技术从线上、线下两个维度把与创业有关的信息、技术、经验等向创业者进行传授。其中，线上分享以《早安创盟》及《大咖干货》为主，围绕自身创业经历与经验，分享创业道路上的经历与思考，传播创新精神与实际创业经验，启发创业者创新意识和能力升级。线下围绕"主题月"组织大型"创业沙龙"，如核心团队建设、股权激励、财务管理、企业文化、营销体系建立等。沙龙形式以外部嘉宾加内部创业者分享的组合模式，实现了理论与实战经验的多重价值。

5.2 "奖项+贷款"精准服务模式

这种模式主要是针对处于创业孵化期的科技型小微企业融资难问题而设计的一种发展模式。其创新之处在于定位精准，服务精准。

典型案例是北京企业技术开发研究会。对于科技型小微企业而言，由于其处于开创期，没有相应的产品、固定资产、品牌等作抵押，因此传统的融资渠道，如银行等并不能解决其融资难问题。但是，科技型小微企业最大的优势是其一般来说有自己的研发技术，但这种技术并没有进行专利技术登记，因此也没办法通过银行进行融资。针对这种情况，北京企业技术开发研究会首先进行精准甄选，选择真正需要帮扶的科技型小微企业；其次进行精准评估，聘请相关的专家对其技术进行评估，并根据评估结果授予相应的奖项；再次进行精准服务，该小微企业可以根据这些奖项到与北京企业技术开发研究会达成战略合作协议的银行申请贷款，从而解决其融资难的问题。例如，北京某科技型小微企业研发了一种新技术，但由于种种原因，这种新技术并没有获得专利，因此就没有办法进行抵押贷款。在这种情况下，这家小微企业找到北京企业技术开发研究会寻求帮助。研究会聘请相关专家进行技术论证，并根据论证结果授予其相应的奖项。然后该小微企业凭借该奖项顺利从中国邮政储蓄银行进行了融资，从而解决了融资难的问题，这既促进了小微企业的发展，又促进了科技服务业的发展。

5.3 "多元智库+PPP"综合服务模式

这种模式是指针对北京科技型企业数量众多，但不同企业的需求差异比较大，单一服务不能满足企业需求的背景下采用多元化服务的创新发展新模式。其创新之处首先是把PPP引入到科技服务业，其次是采用高端智库，综合服务企业需求，促进企业和科技服务业发展。典型代表是中关村天合科技成果转化促进中心（简称"天合转促中心"）。为了解决科技社团激励不足问题，北京市科协联合中关村管委会成立天合转促中心。北京市科协通过推动科技社团与天合转促中心签订合作协议，把科技社团的资源畅通有效地对接到科技成果转化平台上来，如推荐不同专业领域专家做天合科技系统评价师或作为相关专业项目评价组成员，承担科技成果转化专业评价任务，并推荐专业领域的创新科技成果，等等。天合转促中心则充分利用科技社团的人才、技术、信息、管理、标准制定等各种资源，为企业提供一站式综合服务，如提供科技成果市场转化评价服务、重大科技产业项目促进服务、科技转化促进活动组织服务、科技成果进行市场化与产业化推广服务，以及讲座、培训服务，积极协助科技社团将科技成果、项目在平台落地。天合转促中心通过要素间的协同转化，提供一体化的全业务链服务解决方案，真正实现了科技服务资源的垂直整合、跨界融合。

这种一站式综合服务模式既为广大科技工作者进入经济建设的主战场提供通道，又切实帮助一大批企业解决了技术、市场、资金、管理、人才培养、信息等方面的各种问题，也开创了科技服务业发展的新模式，实现了三方共赢。

5.4 "学会+公司"融合服务模式

这种模式主要是指科技社团采取与公司建立战略联盟或实体企业的形式来促进科技服务业发展的新模式。其创新之处在于既解决了激励不足问题，又实现了强强联合，可以更好地服务科技服务业。典型代表是中国国土经济学会。传统的科技社团由于自身的非营利性，出现活力不足、服务能力差等问题。在此背景下，中国国土经济学会创新发展思路，采取"学会+公司"融合服务模式。这种模式的主要做法是：首先，从学会的专家委员会成员中选出知名度高、影响力大、学术水平高、时间比较充裕的专家，组成中国国土经济学会"三十人高端智库"；其次，由中国国土经济学会与某科技公司达成战略合作协议，国土经济学会投入人力资本，科技公司投入货币资本，双方优势互补，成立科技咨询服务发展有限公司。该公司是独立的法人实体，独立开展业务。成立公司的好处在于一方面可以解决科技社团作为非营利组织不能盈利而导致的"偷懒"问题，另一方面公司通过盈利，可以更好地服务科技服务业，落实创新驱动发展战略。

在双方的合作中，该公司可以借助中国国土经济学会"三十人高端智库"的智力资本，也可以借助中国国土经济学会已搭建的平台，更好更快地进入新的业务领域，扩大公司的规模和影响力，从而增强公司的盈利能力；而中国国土经济学会则可以借助该公司既有的平台，如资本、技术、管理等优势资源，更好地开展科技服务工作。

5.5 "互联网+学会"工作模式

这种模式主要是指科技社团采用互联网技术自行开发电

子信息系统开展科技服务工作。其创新之处在于充分利用互联网技术，降低服务成本，提升服务效率，扩大服务范围，促进科技服务业发展。这种模式的典型代表是中国复合材料学会。中国复合材料学会充分利用互联网技术，积极进行"互联网+学会"模式的探索，开发了企会宝、会员管理系统、会议管理系统等。企会宝是复合材料行业信息化的在线沟通平台，在线上整合复合材料行业专家、企业及产品信息，是一个"专业性强、信息更新及时、对接时效性高"的工作平台。会员管理系统是中国复合材料学会会员管理和服务的交互系统，是一个软硬件结合的分布式网络应用系统，其目的是管理学会数据库，使数据库高效正常运行，以此增加学会和会员之间的黏性，最终形成立体化、全方位的会员管理系统。会议管理系统以中国复合材料学会品牌会议管理系统为例，其与学会会员管理系统相结合，通过线上平台，有效管理会议进度、会员活动。系统包括新闻展示功能、会议报名功能、多会议选择功能、展览报名功能、展位在线选择功能、线上支付功能、会员管理功能、论文投递、审稿功能、友情链接、跳转功能等，集合了学会智库、企业库、产品库，结合了B2B、B2O、B2C、O2O、C2C、D2C等电子商务模式，实现了以人为本、化繁为简，促进行业内交流的目的。

5.6 "学会+X"第三方评估模式

这种模式主要是指科技社团作为独立、公平、公正的第三方，积极承接政府职能转移，对相关部门的业绩等进行绩效评估。其创新之处在于其不是直接参与人才培训、技术研发、信息传送等传统的服务领域，而是采用间接方式，充分利用其自身的优势，促进科技服务业发展。其典型代表是中国化学会。作为中国科学技术协会（以下简称"中国科协"）所属全国学会承接政府职能转移的试点项目，在中国科协的统一部署和指导监督下，中国化学会作为科技部委托的第三方评估机构，首次承担了2014年化学领域26个国家重点实验室评估工作。中国化学会的评估旨在对化学领域26个国家重点实验室自2009年1月1日至2013年12月31日的运行和发展情况进行全面评估，并通过评估全面了解和检查实验室5年的运行情况，总结进展，发现问题，促进实验室健康发展；鼓励科技创新，引导实验室取得重大科技成果。评估包括初评、现场考察和综合评议三个阶段。在评估过程中，学会提出许多创新性评估方法，如为最大限度保证各学科实验室在评审中的公平，根据化学二级学科设置有机化学、无机化学、物理化学、分析化学、高分子化学、化学工程六个领域，每个领域邀请5名评审专家，共30名；为最大限度保证初评标准的一致性，建议26个国家重点实验室不分组，集中参加初评。以上很多创新点都得到科技部的采纳，并在实践过程中取得了良好的效果，体现了学会"智力荟萃"的优势，保证了专家队伍的专业性与公信力。在本次评估中，初评、现场考察和综合评议三个环节评估专家均为在化学及化工领域具有很高专业水平、知名度和影响力的专家。评估专家遴选充分考虑代表性和多样性，涵盖物化学、有机化学、高分子化学、分析化学、无机化学、化学工程、管理多个专业，院士、千人计划、产业专家多个层次。16名"两院"院士作为专家参与评估，充分体现了学会专业基础好、专家资源广、组织能力强的特点，保证了评估结果的科学性，也为评估扩大了角度和视野。在评估三个环节中，初评、现场考察和综合评议既相互独立，又保证了初评和现场考察情况在综合评议上得以充分阐述。评估结果表明，独立评判且评判形式不同的初评和综合评议在最终统计排序上表现出良好的一致性，既体现了专家的评判水平，也证明了本次评估的科学合理。

5.7 离岸基地协同创新模式

这种模式主要是指学会充分发挥科协系统海外资源和渠道优势，创新海外引智和双创服务模式，实现双向注册与双向孵化、交叉融合，打造海内外创新创业双向服务链条，通过提供技术转移、技术融资及离岸孵化等专业化服务，吸引全球创新资源，开展国际协同创新。

其主要工作方式包括学会委托成立民办非企业性质的海外人才离岸创业服务中心并给予业务指导，服务中心以离岸基地建设运营为基础，吸纳社会资本，寻找合作伙伴，组建国际团队，实施双向服务，开展协同创新。中国科协（深圳）海外人才离岸创新创业基地于 2015 年 5 月在深圳揭牌。以离岸基地为核心，结合智库平台、渠道网络、传播平台、投资平台及园区空间等关键要素，快速构建国际协同创新系统。自揭牌以来，离岸基地发起组建"中国源头创新百人会"并以国际协同创新智库的身份对接海外机构；以战略合作的模式与美国 EBO 科技投资公司、美国科特勒咨询集团及欧洲 ACAL 资产管理公司等合作组建了海外业务执行团队；与中国上市公司协会、深圳证券交易所、高新技术产业协会及深圳总裁俱乐部等深度合作，储备海外项目回国落地的合作对象；与深圳太空科技、创新投资集团、松禾资本、鹏瑞投资等发起设立了投资平台及基金，首期基金5亿元，通过股权投资推动海外项目成功落地深圳；与深圳罗湖区政府合作，在大梧桐产业带共建离岸总部基地，于2017年上半年投入使用。目前，通过美国、以色列、瑞士等地的渠道建设，离岸基地已经储备50多个智能装备、生命健康、新能源、新材料等项目团队，完成深圳路演3个批次，相关团队陆续在落地过程中。离岸基地尤其重视平台级项目的引进工作，其中，英国皇家工程院院士比尔教授领衔的金融科技团队已经在罗湖区落地并获得区政府先期2000万元资助。2017年10月12日，李克强总理在全国双创周期间检阅了深圳离岸基地展示方案，离岸基地的社会影响力迅速扩大。目前，离岸基地已经与多家重量级机构建立合作伙伴关系，并着手布局海外孵化器及国际协同创新中心的工作。

6 问题与政策建议

6.1 科技社团参与北京科技服务业发展面临的问题

6.1.1 承接政府职能转移面临挑战

中国科协把推进学会承接社会化职能作为重要发展战略，但是推进过程并不一帆风顺。一方面，政府简政放权的动力不足；另一方面，与这些职能相关的事业单位很多，参与职能转移的竞争激烈。同时，那些政府难开展、市场做不好的事情，学会接手同样难做。2016年中国科协的调查表明，大部分学会（占比64.9%）认为，职能转移相关政策法律不健全是政府职能转移滞后的最重要原因。

1. 法律和政策不完善

学会作为非营利科技类社会组织开展科技服务时优劣势并存，他们的履职和问责与中介机构存在不同，需要在准入门槛、税收等方面进行制度规定。目前，《中华人民共和国政府采购法》中没有明确对公共服务的采购做出明确规定，尽管国务院办公厅已经出台《国务院办公厅关于政府向社会力量购买服务的指导意见》，但是关于政府转移职能和购买服务的相关法律制度仍然缺失。关于学会承接政府职能和购买服务的政策目前还没有出台，相配套的制度及改革措施还不完善。

2. 政社关系有待厘清

由于体制原因，学会长期以来处于政府部门的从属地位，政府与学会职能边界不清，权利、义务和相应的责任归属不明确。政府既是"裁判员"也是"运动员"，模糊不清的政社关系造成学会独立性缺失，缺乏活力和积极性，制约了学会的发展和功能发挥。为此，需要发挥政府和社会各方面的优势，调动社会各方面的力量，充分发挥中国科协及所属学会的作用。

3. 学会对承接职能作用认识不统一

2016年中国科协调研数据显示，30.8%的学会认为，通过承接政府科技服务职能，学会的权威性增加；12.3%的学会认为承接政府职能能够使得学会收入增加。这说明，虽然政府职能转移与职能转变不断推进，但是出于组织定位、成本考量、组织能力等各方面的因素，还有不少学会对承接政府职能持观望态度。

由于体制、机制及自身能力的限制，学会在投资等其他收入创收渠道方面仍然处于初级发展阶段，说明在与社会需求对接的层面，各级科协科技服务业态尚未真正形成。

4. 学会科技服务发展不平衡

学会之间差距显著，内部发展不均衡。一部分学会由于长期以来受到体制束缚，功能发挥的空间不足，在组织体制、运行机制上存在一些弊端，制约了学会自身发展。部分学会在独立开展科技服务、承担政府转移职能方面存在一定难度，需要政府积极培育和支持，促进学会自身能力的提升。

6.1.2 科技创新成果转化难度较大

近年来，国家、高校和科协都做出诸多努力来提高科技创新成果的转化率，但仍远低于发达国家60%~80%的水平。较低的科技创新成果转化率，不仅限制了高校的科技工作对社会发展的贡献，造成科学研究资源的浪费，也打击了高校科研人员的兴趣和动力。同时，企业也不能及时有效地获取到自身所需要的科技创新成果，导致产品更新慢、市场竞争力弱等问题。

1. 科技创新成果无法对接市场需求

目前，我国高校和科研单位科研立项多，但实际转化为应用产品的比例相当少，其中重要的原因就是新成果无法对接市场需求，导致出现项目多、成果多、转化少的问题。高校的科技工作者利用高校的科研资源进行了大量的基础研究和应用研究，其中基础研究由于涉及学科专业内最基本的理论研究，因此对于构建和不断完善相关学科领域非常重要。然而，但由于其研究成果对于指导实际生产的意义并不大，所以即使基础研究硕果累累，但其转化为实际生产力和商品的概率也很低。

2. 企业对高校科研项目资金投入严重不足

一项科技创新成果要转化为具体的社会生产力，大致要经过研究开发、成果转化和工业化生产三个阶段，其中成果转化阶段是投资最大、风险最高的阶段。如果缺少资金投入，很多优秀的应用研究就会因为中试环节缺少资金而最终流产。

3. 科技成果转化治理体系不完善

当前，激励保障机制不完善是制约科技成果转化能力进一步提升的重要因素。一是管理粗放，不易转化。国家虽然出台了大量鼓励科技成果转化的政策，但缺乏具体的制度安排；部分高校的科技成果转化办公室管理粗放，对本校专利结构、专利数量和质量把握不准，无法为其提供专业化的配套服务。二是动力不足，不想转化。当前，政府支持的科研项目多以"专利数量"而非"成果转化"为验收标准，导致高校科研人员申请专利多以获得"身份价值"而非推进市场化应用为目的；高校未建立对科研人员的系统化专利考核指标体系，各主体之间未构筑起良好的互信关系，且创新创业补偿激励机制不健全，科技人员成果转化动力较弱。三是能力不够，不会转化。高校科研人员往往侧重于项目申报和成果评审验收，不擅长专利转化；高校缺乏成果转化专业人才，导致大量研发成果躺在实验室里，未打通知识产权的"创造—运用—管理—服务"全链条。四是信息不畅，不便转化。企业与高校信息不对称，导致科技人员对创新创业系列政策的知晓率不高,多方主体的需求对接失调,校企合作模式呈简单化特征。五是配套滞后,不能转化。目前,高校专利缺乏专业的运营机构,无法为专利拥有者提供有效的专业服务,且专利技术披露缺乏有效保障,孵化器呈低水平粗放运行状态,缺乏专业性。

由此,必须从健全大学科创成果转化的激励保障机制入手,紧扣打造创新创业高地的靶心,精准施策,按照完善政府、企业、高校有效连接的思路,着力在破解科技成果转化难题上下功夫,尽快构建完备的科技成果转化治理体系。

6.1.3 科技服务业产业化基础薄弱

科技服务业作为一个产业,必须遵循市场规律,顺应市场需求。学会等科协组织长期坚持自身公益性宣传,对市场不熟悉,导致市场化服务能力弱。此外,各级科协组织宣传力度不够,导致公众对科协组织的认知程度不高,对其提供的服务了解少;各级科协组织开展的活动和人民群众生产生活的联系不够密切,一些地方和部门在理解科协组织的地位、作用问题上存在某些认识上的偏差,对新形势下科协组织发展的重大意义、客观趋势及功能认识不到位。这进一步导致了科协组织的社会组织化程度不够高。

1. 科技服务机构认定制度对科协组织有影响

目前,我国现行政策对科协组织所属社会团体实行登记管理部门和业务主管单位双重负责的体制,造成其进入社会的门槛过高,影响了其设立和作用的发挥。另外,在监管方面,各级科协组织也存在制约少、监督力量薄弱、监管乏力的问题。

2. 融资难制约了科协对中小企业的科技服务

一方面,在资本市场上,小企业不规范程度高,在融资申请时难以达到要求,但小企业的融资需求又很大,所以资本市场要建立针对小企业的融资体系;另一方面,资本体系不健全和中小企业本身缺乏信用及信息不对称,造成了道德风险问题,这就需要加强中小企业信用体系建设。

6.2　发展科技服务业的对策

科技社团参与北京科技服务业发展是一项非常复杂的系统工程,既涉及政府相关部门,也涉及科协、学会,还涉及企业自身。因此,要发展壮大科技服务业,需要各个主体通力合作,形成合力,共同促进科技服务业的发展。

6.2.1 政府层面：强化保障，优化发展环境

1. 继续加大财税支持力度，推动科技服务业健康发展

2012年9月，中共中央、国务院发布的《关于深化科技体制改革加快国家创新体系建设的意见》明确要求，充分发挥科技社团在推动全社会创新活动中的作用。2014年，国务院发布《关于加快科技服务业发展的若干意见》，提出发展科技服务业要坚持创新驱动，充分应用现代信息和网络技术，依托各类科技创新载体，整合开放公共科技服务资源，推动技术集成创新和商业模式创新，积极发展新型科技服务业态。科技社团在进入科技服务业主战场过程中，也遇到诸多问题，迫切需要政策的帮扶，为产业发展创造良好的发展环境。

政府可以通过财政政策解决科技社团资金难题，使其更平稳地发展下去，并吸引更多有潜力、有资质、有能力的科技社团加入到科技服务企业发展的阵营中来，扩大科技服务业在市场中的份额；也可以考虑按服务性质、程度的不同，针对研发、设计、转化、孵化等情况，对科技社团的服务收入实行免税或一定程度的减税，或对其科技服务支出按一定比例视同研发费用实行加计扣除等优惠政策。

2. 加快推动公共科技资源开放共享

加快科技服务业发展,需要加快推动公共科技资源的开放和共享,政府相关部门要加快制定推进科技资源开放共享的管理办法,编制科技资源开放共享目录;制定国家大型科研基础设施向社会开放的改革方案,出台国家重大科技基础设施管理办法,提高高校、科研院所科研设施开放共享程度,鼓励国家科技基础条件平台对外开放共享和提供技术服务;建立国家科技管理信息系统,继续推进科技计划(专项)信息的互联互通,实现系统集成;推动建立中央财政科研项目数据库,实现科研信息开放共享;完善国家科技报告制度,着力扩大国家科技计划科技报告试点范围,推动部门、地方开展科技报告工作。

3. 建设中国特色新型智库,加快建立协同创新机制

智库是以公共政策为研究对象,以影响政府决策为研究目标,以公共利益为研究导向,以社会责任为研究准则的专业研究机构。2015年,中共中央办公厅、国务院办公厅印发的《关于加强中国特色新型智库建设的意见》中提出要重点建设50~100个国家亟需、特色鲜明、制度创新、引领发展的专业化高端智库,2020年形成中国特色新型智库体系。该

意见强调，中国特色新型智库要遵守国家法律法规，形成相对稳定、运作规范的实体性研究机构，要有具有一定影响的专业代表性人物和专职研究人员，要有保障、可持续的资金来源，要成为多层次的学术交流平台和成果转化渠道等。

大数据技术的快速发展无疑为特色新型智库的建设带来了巨大的机遇。大数据思维和技术促进了智库内容创新，这是一种融合媒体形态驱动的创新，通过多维度、多层次的数据及关联度分析，找到症结，挖掘事实真相，从历史经验和发展趋势判断未来，提供决策参考。庞大的数据资源及其潜在价值的深度挖掘有助于我们更好地把握热点，数据分析技术也可以帮助我们更科学地预测各个科学领域的重大发展趋势。优化智库产品结构，创新产品形态和服务流程，最大限度地实现数据"增值"，能够进一步提升智库产品的竞争力和影响力。

首先，政府相关部门应该重点促进中国新型智库的发展，及时发展社会网络以获取大数据资源，保证数据的准确性、可靠性及全面性。其次，组建集团式的专业操作团队，充分分析、呈现大数据及其本身的特质（尤其是与智库研究相关的属性）。再次，加强团队数据加工和分析能力，特别是人才、技术和基础设施（即数据平台建设）三个方面。建立专门的数据管理和分析部门，构建系统的数据分析方法，加强培养熟悉数据挖掘和分析技术的专业人才。以经济智库为例，虽然大多数经济分析员是财经专业出身，具备经济数据的分析能力，但从海量数据中迅速提炼挖掘信息的能力仍十分欠缺，用大数据方法建立分析模型的理论研究和实际操作经验不足。最后，加强新型智库品牌宣传，提升品牌影响力。要丰富智库内容的表现形式和内容，提升受众的体验性和参与性，注重信息的共享。总之，要围绕产业链部署创新链，围绕创新链完善资金链，营造开放协同高效的创新生态；要深化科研院所改革和高校科研体制改革，推动建立权责清晰、优势互补、利益共享、风险共担的产学研紧密合作机制；要加强创新型人才队伍建设，健全科技人才流动机制，鼓励科研院所、高校和企业创新人才双向交流，健全人才分类评价激励机制，使一批技术创新的先行者脱颖而出；要加强知识产权运用和保护，引导科技成果转化各类主体建立利益共享、风险共担的知识产权利益机制。

4. 加快推进科技金融有机结合

扩大科技型中小企业创业投资引导基金、小微企业融资担保资金的规模，加大中小企业发展专项资金对技术创新的支持力度，引导创业投资和社会资本加大对科技型中小企业的支持。建立新型科技创新投融资平台，为不同发展阶段的科技企业提供多样化的投融资服务。创新符合科技型中小企业成长规律和特点的新型科技金融产品、组织机构和服务模式。扩大科技支行、科技担保、科技小贷、科技保险等科技金融专营服务机构规模。

5. 加强人才培养和引进，强化国际交流合作

当前，新一轮科技革命和产业变革的方向日益清晰，全球创新竞争日趋激烈，人才、资本、市场、专利等成为世界各国竞相争夺的战略资源，科技创新与金融资本、商业模式进一步融合，推动了全球产业变革加速进行。我们要积极迎接新科技革命和产业变革带来的新挑战，坚定不移地走中国特色自主创新道路，抓住机遇，充分利用好国际、国内两大资源，协调好市场和政府两大力量，优化科技资源配置，构建高效的科技供给体系，努力实现更多核心、关键、共性技术的突破，把创新驱动发展的战略主动权掌握在自己手中。

发展科技服务业，重中之重是要加强人才的培养和引进，为科技发展做好人才储备和素质训练。要让科技人才"走出去"，科学技术"引进来"。要加强国际交流合作，使我们的科技人员能够与国际上的先进技术接触，将优秀经验引进国内，结合自身特点为科技服务业发展提供更有营养的内容。

坚持统筹四海引才、精准育才、科学评才、注重富才和精细化服务人才，深入实施人才优先战略，推进人才体制机制创新，加快构建高端多元、活力迸发的创新创业人才聚集、培养、使用、流动和服务体系，努力把核心区打造成为全球最具吸引力的创新创业人才聚集高地。

首先，要创新四海引才，丰富高端创新创业人才多样性，实施战略引才，用好用足重大人才工程。坚持战略导向和需求导向，聚焦吸引战略科学家、科技领军人才、高端企业家人才、高技能急需人才和团队，深入对接国家"千人计划"、北京市"海聚工程"、中关村"高聚工程"等重大人才工程，调整完善海英人才计划，加快聚集一批全球有影响、行业有分量、成效可预期的高端创新创业人才队伍。实施项目引才，支持驻区高校院所、领军企业采取项目合作、课题攻关、特聘顾问等多种方式，灵活引进从事国际前沿技术研究、能够带动新兴学科发展的战略科学家和团队。探索专业引才，深化北京市现代服务业扩大开放综合试点，支持各类人才服务机构和组织发展，引进一批国际化的人力资源服务机构，建设国家级人力资源服务产业园，重点培育"互联网+"人力资源服务新业态。尝试驿站引才，依托核心区硅谷创新驿站等载体，探索利用大数据手段和投资人评价体系选才引才的新模式,打造海外高层次人才到核心区发展的中转站、加油站和服务驿站(简称"三站")。

其次,要实施精心育才,提升高端人才的可持续发展能力,深挖"三站"育才新潜力,扩大"三站"覆盖面,拓宽人才培养视野,统筹服务企业创新和培育区域产业发展,造就一批精于创新、善于管理、长于市场的复合型创新创业人才。探索央地人才一体化培育新机制,推进央地人才合作俱乐部、技术研发项目公开招标平台、人才联合培养基地等央地合作载体建设;探索学习育才、项目合作育才、管理实践育才等联合培养人才新模式,构建核心区和中央单位在人才资源上交流共享的新通道。围绕推动京津冀协同发展,推动相关部门与津冀地区加强人才交流合作,开展人才联合培养,试行京津冀地区互认的高层次人才自由流动制度。支持领军企业搭建挖掘、吸引和培养高层次人才新平台,依托设在企业的国家工程技术中心、重点实验室等载体实施订单化、精准化培育人才,形成企业引才、平台育才、实践用才的人才培养新路径。

再次,要深化科学评才,确立科学合理的创新人才评价导向,改革传统引才评才机制,探索建立园区招才、企业引才、市场评才、政府服务人才新模式。一是建立市场化的人才评价机制。坚持创新能力、创新业绩、创新潜力等多元价值导向，区分科技领军人才、产业领军人才及青年英才，建立分类化、差异化、市场化评价标准体系。二是深化职称制度改革，深入实施高端领军人才高级职称评审直通车制度，进一步畅通非公有制经济组织和社会组织人才申报参加职称评审渠道。三是探索国际化人才评价机制。联合国际知名的职业资质协会，推动核心区在信息技术、医疗健康、科技服务、专利管理、工业工程等领域率先实现国际职业资质互认，拓宽核心区人才发展路径。四是改革科技服务人才评价制度。依托专业性强、信誉度高的第三方专业社会机构，探索开展知识产权、技术转移、创业孵化等科技服务业领域的职业资格认证试点，创新评价标准和办法，完善科技服务人才发展体系。

复次，要注重高效富才，加大对创新创业人才的激励力度，积极落实《中华人民共和国促进科技成果转化法》和中央级事业单位科技成果处置、使用和收益权改革、允许人才到高新技术企业兼职或离岗创业等相关规定，完善促进科研人员创新创业的多元激励机制，打通科研人员创新创业创富通道。支持高校院所技术类无形资产管理制度改革，鼓励各类企事业单位实施股权、期权、分红等激励措施，争取放宽实施股权激励的限制条件，构建符合科技成果转化需求的国有股转持豁免制度等试点。

最后,要精细化服务人才,解决人才创新创业后顾之忧,建立健全外籍高端人才的国民待遇加负面清单制度,细化落实中关村外籍人才出入境试点政策,为外籍高层次人才、创业团队外籍成员和企业选聘的外籍技术人才、外籍华人、外籍青年学生四类人才提供签证、居留和出入境便利,营造富有吸引力的"类海外"人才发展环境。实施精准帮扶,统筹解决人才落户、住房、医疗、子女入学等问题,加快建设具有国际化水平的居住配套、医疗卫生、基础教育、生活服务设施等,创造更加宜居宜业的人才发展环境。建立人才柔性流动机制,打破户籍、身份、国籍等制度瓶颈,多渠道推动人才柔性流动。建立健全高端人才跟踪服务机制,编制核心区人才地图和紧缺人才需求目录,建立人才资源年度统计调查和定期发布制度,形成人才服务的常态化机制。强化对优秀中青年干部的国外培训,打造一支具有国际视野、掌握科技创新趋势、服务全球创新创业的国际化人才队伍。

6.2.2 中国科协层面:为科技社团发展创造良好的发展条件

中国科协是国家组织和动员科技工作者的重要组织形

式。经过60多年的发展，它已成为遍布全国且拥有多种横向组织和四级纵向组织的组织网络，在国家政治生活、科技发展和社会建设等方面发挥着重要作用。中国科协的组织特点在打通科技与经济结合的"大通道"和"微循环"上有着明显的特殊优势。同时，科技社团的公共服务能力的强弱也直接关系到科协作为人民团体的政治形象和影响力。所以，中国科协要创新工作方式，凝聚服务科技社团合力，从政策、平台、资金、人才和项目等方面给科技社团提升能力给予引导支持，争取形成"科协引导，政府支持、市场配置、社会参与、支持有力，激励有效"的良性工作格局。

1. 搭建科协组织大数据资源共享平台

移动互联网、物联网、云计算等技术的快速发展，为人们从大数据中筛选信息、洞察世界提供了新的可能。互联网的广泛普及，为人们带来了大量的数据，包括新闻、微博、搜索、购物等网络数据，时间和位置数据，文本数据，RFID数据，传感器数据，车载信息服务数据，遥测数据，视频监控数据及社交通信数据等。为此，中国科协要高度重视大数据技术的发展和应用，积极把握和应对新科技革命与全球产业变革的新机遇、新挑战，坚持科技思维，运用大数据服务于创新科技资源的开发模式，加强科技资源共享平台的建设，优化协同创新的发展环境,着力培养高科技创新人才,提升科技信息管理的战略性、协同性、预测性和社会性。

科技信息资源是记载科学技术活动或科技知识的信息载体,是记录和传播科技信息的主要手段,是科学技术再发展的重要基础。2014年10月9日,国务院印发了《关于加快科技服务业发展的若干意见》。其重点任务第六条指出,要加强科技信息资源的市场化开发利用。目前,政府已把对科技信息资源的市场化开发利用提上日程。电子资源的积累、智能手机的普及、云计算和高速网络等信息技术的发展,为信息文献资源提供了广泛的数据来源,让科技信息资源的开发与挖掘更具挑战性。

一方面,中国科协要促进各组织工作人员借助大量的数据挖掘技术对科技信息资源进行挖掘。例如,根据市场对某些信息间关联程度的需求,工作人员可采用分类或预测模型发现、序列模式发现、依赖关系或依赖模型发现、异常和趋势发现等大数据技术对科技信息资源进行分析;根据市场对不同内容的科技信息资源的需要,可采用关系数据库、面向对象数据库、空间数据库、时态数据库、文本数据源、多媒体数据库、异质数据库、遗产数据库及环球网Web等技术对科技信息资源进行分析。具体来说,首先,数据挖掘人员要选择合适的数据挖掘算法，一定要能够应付大数据的量，同时还必须具有很高的处理速度。其次，要注重利用数据挖掘技术进行预测性分析，预测性分析可以让工作人员根据图像化分析和数据挖掘的结果做出一些前瞻性判断。最后，要进行科学的数据质量监控和数据管理，工作人员要通过标准化流程和机器对数据进行处理，保证数据的质量。

另一方面，中国科协要促进科技信息资源的利用，完善科技资源开发利用体系。在市场经济条件下，海量科技信息资源的开发与利用是一个可持续的循环体，开发服务于利用，利用作用于开发。科技信息资源只有在不断的利用中，才能体现它的价值。同样，科技信息资源只有经过科技信息工作者不断的开发、深加工、处理、分析，才能使之真正的价值得以体现。因此，探索、制定出一套完整的符合市场经济体制的科技信息资源开发利用体系是一项迫在眉睫的工作。

利用大数据共享和分析的信息化手段，促进科技成果转化是解决目前虽有大量的科技成果产出但科技成果转化效率较低的一种方式。构建大数据科技成果转化平台，一方面可以提高科技成果转化效率、加快科技发展速度；另一方面也可促进第三产业及科技服务业的壮大发展，加快经济结构转型，为实施创新驱动发展战略起到积极作用。因此，建立大数据转化平台十分必要。目前，我国在科技成果转化方面，存在转化方式比例失调、转化双方缺乏积极性、促进成果转化的服务不到位等问题。科技成果转化可以通过技术交易、企业自主研发及产学研结合等多种方式完成，但目前科技成果转化主要由企业自主研发内部完成消化，通过技术交易或产学研结合的方式较少，转化方式单一，导致众多科技成果滞留在科研院所或高等院校里，造成了科技成果的浪费。而且，由于科技成果供给方和转化方在技术方面的认识无法达到统一，转化方不能很好地挖掘该成果的精髓，从而降低了技术成果供给双方的转化热情。另外，从科技管理、科技评价、利益分配、资源配置、保障体系等方面还存在科研选题没有真正立足于经济社会发展需要，重视科技成果的技术水平价值而忽略其市场价值，科研人员与科技成果转化者风险不对等问题。

所以，中国科协要在大数据的大背景下，运用数据挖掘技术，实现科学成果的定制化服务，建立集科技成果定制、科技成果展示、技术评估、成果交易、科技金融、创业服务等功能于一体的大数据平台，提升现有网上技术市场功能。平台的建设可分为大数据处理系统和综合评价服务对接系统两方面内容。其中，大数据处理系统主要进行科技成果产出和需求数据的收集和分析。综合评价服务对接系统要以专业的科技咨询服务人员为骨干，组织科技成果供需定制服务，完成科技成果供需主体的对接，并进行绩效跟踪和评价工作。

长期以来，我国已经积累了较为丰富的科技资源，但大多数科技资源往往局限于本部门、本单位使用，造成了科技资源的巨大浪费。我国70%的科技资源集中分布在重点高校和中央科研机构，中小城市尤其县域地区的科技资源十分匮乏。而且，科技资源的共享是科技界一直呼吁却没得到切实解决的问题，其中对科学数据、科技文献、大型仪器设备、自然科技资源等的共享环境条件建设反响尤为强烈。所以，打破科技资源壁垒，实施科技资源共享，是国家发展战略的必然要求。

在这种背景下，中国科协应当整合组织内部的科技资源，采用云计算模式，搭建面向全国的科技资源共享平台，为科技创新发展提供良好的环境，让科技资源得到科学管理和高效利用，解决我国科技资源分布不均从而造成科技资源浪费的问题。科技资源共享平台要适应时代的发展和改革的变化，也要适应外部协作环境的变换，要保证云共享系统本身与外部环境之间相契合，保证云共享系统具有相对的独立性、高适应性和可推广性。科技资源共享平台向科技提供单位、用户会员和其他合法用户开放,它是为科技主管单位、科技资源拥有单位提供大型仪器设备、实验基地、科技图书等物理资源信息,以及科学数据、电子科技文献、视频学习资料、虚拟实验室等非物理科技资源的收集、共享、点播、下载、评论和推荐的平台。每个提供单位可以在自己享有的存储空间内,自主地组织和规划自己的信息资源,实现资源的高效检索和管理,包括资源上传、资源审核、资源共享、资源下载、需求记录、资源点评与收藏、资源统计及资源接口。

科技资源共享平台的搭建需要遵循先进性、系统性、科学性、实用性和可维护性等原则。平台的搭建要采用先进的云计算理念和设计思想,高速准确地收集和处理内部与外部信息,使新建立的云共享系统能够最大限度地适应今后技术发展变化的需要;要采用结构化的系统分析方法,进行模块化的功能设计,保证前后台业务不脱节,数据在云共享系统内要有序通畅地流动,各功能模块既互相联系又互相制约。同时,要提高云共享系统的集成度,通过功能模块的集成,显著减少数据的手工录入,最大限度地实现数据共享;要科学地对传统科技资源共享进行改革,设计的各种体系架构、业务流程的优化要科学合理。系统体系设计要始终站在用户的角度,与用户的实际需求紧密相连,且要保证云共享系统建设具有连贯性,也要保证云系统的可维护性。平台需要支持以 P2P 等多种方式传输信息资源,为资源的发布和传输,以及在线视频、远程共享等系统中大型文件的共享提供较高的传输速度,并采用云间备份加本地物理备份的混合备份方案。

2. 上传下达,建立畅通互动交流渠道

鉴于目前公共服务分类标准相对模糊,学会公共服务产品受众范围小,缺乏品牌影响力的现状,中国科协要加强渠道沟通。在对外沟通方面,各级科协应继续努力,加强与相关政府职能部门之间的沟通,争取职能转移的机会、优化转移的路径,强化保障学会项目落地的条件,做好成功项目的宣传推介工作。在对内协调方面,推动学会之间服务资源整合,建议以学会联合体等方式承担公共服务项目,加强宣传引导,让学会联合体愿担责、能担责。

当前,科技社团发展面临巨大机遇与挑战,中国科协要积极发挥自身作用,与民政管理科技社团的部门、组织管理人才的部门、人力社保管理人事服务的部门、财政管理相关经费的部门保持比较紧密的联系,以便在承接政府职能转移、参与创新社会治理方面占得先机,为科技社团的良好发展提供助益。

在调研中我们发现,目前很多科技社团与科协的关系并不紧密,科协对其管理仅限于年末的总结,更无相关的信息支持和资金支持。然而,各类科技社团对科协的指导和支持有较强力的需求。因此,科协要强化对各类科技社团的日常联络,建立科协与科技社团间及科技社团之间顺畅、有效的互动交流渠道与信息传达渠道。

3. 搭建平台,形成产业链协同创新体系

在科技服务业发展的这盘大棋中,科协是一个"组织协调员"。因此,市科协应该强调各类科技社团工作是科协工作的主体,要握紧这个"拳头",集合各部门、事业单位优势,打破或淡化部门界限,只唯事、只唯能,在服务创新工作中形成支持科技社团发展的合力。当前,中国科协已经搭建了创新驱动助力工程平台,北京市科协已经搭建创新驱动工程平台,联合政府、高校、学会、科技工作者等构建协同创新体系,围绕企业在信息、技术、管理、资金等方面的需求进行有效供给。首先,强化产业链协同,打造区域产业发展共同体,采取品牌换空间、市场换资源、合作建园区等多种形式,强化与市内分园合作,积极推动与津冀产业对接,共同打造具有全球影响力的跨区域产业集群。①全面推动疏解产业异地发展。加快疏解非首都功能,综合用工、用地、用水、用能、效益等指标,建立重点企业综合评价模型,提高产业准入门槛,鼓励软件服务外包行业的价值链低端环节向远郊区县和津冀地区有序疏解。②着力推动战略性新兴产业协同发展。结合秦皇岛等地合作分园的建设,积极引导核心区集成电路、生物医药、智能硬件等研发设计企业,将生产制造等环节就近在津冀地区布局,打造研发创新总部+生产制造基地双核心跨区域产业集群。③推动新型科技服务业辐射发展。发挥北京服务业扩大开放综合试点先行先试政策优势,着力推动核心区科学技术、互联网和信息、科技金融、创业孵化服务等具有比较优势的领域,通过品牌和模式输出,提升对津冀地区的辐射带动作用。其次,强化创新链协同,打造区域协同创新共同体,推动三地创新资源开放共享。①发挥海淀科教资源密集的优势,支持驻区高校、科研院所大型科学仪器和国家重大科研基础设施、科学数据向津冀地区开放共享,集众智、汇众力,为共同打造国家自主创新源头奠定基础;支持驻区高校院所、领军企业整合三地创新资源,共建一批重点实验室、工程中心、成果转化基地等创新载体,承接一批国家重大专项,突破一批关系区域战略性新兴产集群发展的关键核心技术。②围绕京津冀生态环境保护、资源高效利用、重大民生问题，开展联合攻关和协同创新，推动大气污染治理、水资源保护、水环境治理、清洁能源、绿色交通等技术攻关和示范应用。③面向服务京津冀协同发展，进一步提升核心区协同创新、创新创业、知识产权和技术转移等平台功能，推动人才、资本、技术等创新资源自由流动、高效配置，持续提升核心区原始创新和技术服务能力。④发挥国家技术转移集聚区要素集聚和辐射功能，支持中国技术交易所、中国国际技术转移中心与津冀骨干技术交易机构合作，推动建设京津冀技术交易网络服务平台；发挥全国知识产权运营公共服务平台作用，加快建设科技成果交易核心区。

再次，强化政策链协同，打造区域制度创新共同体，推动支持创新的政策协同。①积极推动国家自主创新示范区、自由贸易区、综合保税区先行先试政策的跨区域交叉覆盖，率先建立京津冀三地高新技术企业资质互认制度，对跨区域转移、设立生产基地和研发中心的高新技术企业，实行资质互认。②强化保护创新的政策协同。整合海淀知识产权行政执法力量，依托北京知识产权法院，探索建立知识产权法院与专利局、商标局、广电局、海关等跨部门的协作机制，强化对三地自主知识产权的保护。③推进核心区与京津冀企业信用信息数据库的对接，建立健全企业信用动态评价、守信激励和失信惩戒机制。④探索持续创新的政策协同。细化落实京津冀协同发展产业对接企业税收收入分享办法，以秦皇岛等地为试点完善产业有序转移和利益共享机制。发挥核心区新技术新产品展示平台作用，结合产业转移，推动津冀地区进一步开放政府采购市场，形成需求拉动创新的区域合力。

6.2.3 学会层面：增强专业服务能力

1. 明确定位，做好政府与社会的桥梁

科技社团汇聚了大量的科技人才、科技成果及技术力量等"高智慧"的资源，因此在整个科技创新产业链中是非常重要的一环。每个科技社团都应该明确定位，为科学技术的产生、传播、应用等科技创新活动提供专业化和社会化服务，在政府和社会之间发挥"纽带"和"催化"作用。

科技社团活动的开展需要政府部门的支持，反过来科技社团也应积极主动承接政府职能，积极建言献策，推动政府科学决策，为政府的科技规划与政策制定提供咨询论证，并积极参与各类科技中介服务。同时，科技社团是生于社会、长于社会、服务于社会的群众团体，具有一定的专业性。在急剧变化的时代背景下，科技社团应该关注社会、了解社会，及时发现社会中与本专业相关的社会问题，针对这些问题的解决发挥自己的作用。科技社团必须清醒地认识到服务社会是自己的使命，因此，明确自己的定位，从而为整个社会、政府创造财富，以此才能形成良性循环，获得更大的生存空间。

科技社团在社会发展中发现问题后，需要与政府职能部门积极沟通，得到政府部门的支持才能很好地行使对社会服务的义务，提出相应解决方案。因此，与政府及其他相关部门的沟通和协调能力在这一阶段显得十分重要。这种能力往往关系着科技社团的作用能否正常发挥，科技社团是否能够承接相应的政府职能，还关系着能否通过各种渠道积极筹款，参与购买服务。

科技社团对内服务会员主要通过学术交流、人才评价、继续教育等方式；对上服务政府主要通过决策咨询和承接政府职能转移等方式；对社会公众主要通过科学普及等方式服务公众；对企业主要通过技术成果转化、技术咨询等方式。但无论哪种途径，都需要科技社团主动作为，积极争取，对内干好自己的本职工作，结合新技术改进工作手段，提高工作质量；对外要有竞争力和责任感，做让政府信得过、公众认可的科技社团。

2. 树立"互联网+"思维，开展网络化创新服务

当前，人类已经进入了互联网时代。2017年1月22日中国互联网络信息中心（CNNIC）发布的第39次《中国互联网络发展状况统计报告》显示，截至2016年12月，中国网民规模达7.31亿，相当于欧洲人口总量，互联网普及率达到53.2%。中国互联网行业整体向规范化、价值化方向发展。同时，移动互联网推动消费模式共享化、设备智能化和场景多元化。当下，大数据、人工智能化广泛应用，科技社团必须紧跟时代步伐，运用"互联网+"思维开展各项工作，积极面对互联网发展带来的机遇和挑战。同时，要有创新意识和自我发展的能力，站在世界高度，用国际视角思考遇到的各种现实问题，提出实事求是的解决方法。创新与发展能力是科技社团自我壮大、自我完善的基本能力，也是其服务社会、促进社会发展的基本能力。当社会已经踏上高科技发展的快轨，科技社团如果依然用传统的方式和方法为社会提供公共服务，不但不能履行服务社会的义务，还会制约或影响社会的发展。可以说，创新发展能力是新形势下科技社团服务社会的基本能力。因此，科技社团作为高科

技含量的机构，应该充分认识互联网及大数据发展对当前科技服务业及社会发展的影响，不断创新服务模式和运营方式，提升网络化服务能力，从而促进科技服务的网络化、集成化、开放化发展。

3. 面向市场，积极保持与业界的沟通

由于科技社团中的学会、协会大都由具有专业技能的人组成，具有很强的专业性，因此与市场缺乏天然直接的联系。但是市场既是科技社团进入科技服务业的一个舞台，也是业务运行情况的试金石。飞速发展的市场经济倒逼着科技社团不断调整思路，与市场接轨，否则，就会被市场淘汰出局。在调研中我们发现，大部分科技社团与市场的紧密度不够，很多单位还停留在"等、要、靠"的传统运行模式中，市场活力明显不足。

为此，科技社团应借助市场机制和企业管理手段，发挥自身智力资源的优势积极承接政府转移职能；面向社会提供公益性服务及经营性有偿服务，激发创新、可持续发展活力；充分利用自身条件和设施，强化科普等公共服务的市场化意识，探索科普服务的市场化渠道，在对公众开放，进行科普的同时创造一定经济效益，支撑科技社团的可持续发展。

在调研中我们发现，草根科技社团的造血功能相对较强，他们能够及时发现社会需求，快速提供社会需要的服务产品，获取相应的经济利益，保证自身的经营和运作。依附于政府委办局和一些业务单位的科技社团，自我造血能力较弱，经营意识不强，市场运作能力较低，导致其无法适应新形势的发展。非营利并不排斥成本，必要的成本和人员开支是科技社团必须考虑的经济问题。因此，科技社团服务社会需要加强市场意识，提升经营运作能力，增强自我造血功能。

4. 增强凝聚力，提升服务管理能力

目前，科技社团的会员凝聚力不足，工作人员的整体素质和单位内部的管理方式亟须提升。我们建议，各类科技社团应加强内部组织管理，重点从人员结构和财务两方面入手，强化内外部协调和凝聚力。第一，要有一系列制度和措施让委托方相信学会可负责，可问责。第二，应加强社会化服务队伍建设，调动学会内科技人员、会员面向公众提供社会化服务积极性。科技人员面向公众提供科学性的社会化服务，专业上有优势，群众也更信服。第三，用好学会的专家资源，组建面向公众提供科技性社会化服务团队并进行组织化管理，从而提供专业的社会化服务，解决组织涣散问题。第四，要加强绩效评估，让委托单位和社会放心。

5. 发挥创新资源集聚功能，打造创新服务体系

首先，以企业科技支撑服务为导向，推行"企—会"结对制度。依托各地区已有"院士专家工作站"与"科技服务站"等产、学服务对接网络平台，紧密结合站点所在企业或园区的科技支撑服务需求，引导相关产业技术领域的一家或多家学会与企业进行对接，通过信息共享、知识研讨、主题咨询与指导等方式，就产业技术创新中的智力支撑服务问题探索建立互动交流机制。其次，突破组织属性与行政壁垒，探索构建产学研协同创新服务联合体。应尝试突破不同类型科技社团内部的自我封闭与竞争，鼓励学会加强与行业协会、科技民办非企业、产业技术创新联盟等新型科技社团之间的交流与合作，整合优势、破除壁垒，联手合作，围绕某一行业或产业技术领域，构建服务于产学研协同创新的服务联合体；同时，充分利用专家工作站、金桥工程、科技套餐配送工程等已有产学研协同创新服务平台，使科技社团产业创新服务联合体通过联席会议的方式，为企业或协同创新组织提供全方位的智力支持，探索传统学会与新型科技社团组织开展协同创新知识服务的新模式。再次，以技术开发项目的组织实

施为依托，使科技社团成为产业共性技术协同创新的有力推手。充分发挥学会在行业关键与共性技术研发辅助导向作用，组织高校、科研院所、企业等产学研会员单位，就某一技术开展产业技术联合攻关。以合作开展项目研发的方式，通过项目的组织策划与实施管理，促进学会群与产业创新集群的对接，积极参与技术创新联盟建设，探索建立学会内部与外部产学研协同创新工作机制。最后，牵头建设所属行业或技术领域产学研协同创新网络服务平台，促进专业知识的共享与有效利用。发挥学会所具有的专业技术知识信息、专家队伍和网络化组织体系的优势，从服务于产学研协同创新范畴内知识的生产、扩散传播与应用机制入手，搭建网络化信息服务平台，从而实现技术研究、市场信息服务、咨询评估、跨界对接、产业化推广等知识服务的在线获取，从而加速创新要素在产业创新链的科学合理配置。

参考文献

一、期刊论文类

[1] 徐顽强.国外科技服务中介机构的发展及其借鉴意义[J].中国高新区,2004(2):44-46.

[2] 赵三武,孙鹏举.关于开展科技服务业统计的基础问题探讨[J].科技管理研究,2014(3):209-213.

[3] 潘津,孙志敏.美国互联网科普案例研究及对我国的启示[J].科普研究,2014(1):46-53.

[4] 辛玉琛.支持科技服务业发展的财税政策研究——以天津科技服务业为例[J].时代金融,2014(6):179-180.

[5] 申维辰.科技社团要在全面深化改革中充分发挥积极作用[J].学会,2014(1):5-11.

[6] 李丽.国内外科技服务业发展中政府作用及对广东的启示[J].科技管理研究,2014(6):48-53.

[7] 关峻.复杂社会网络视角下产业集群发展的投入产出结构分析[J].

科技进步与对策, 2014（7）: 54-59.

[8] 周子恒. 新媒体环境下的科学传播新格局研究[J]. 中国传媒科技, 2014（4）: 33.

[9] 中国科协学会学术部. 全面深化改革　服务创新驱动发展　推动学会学术工作再上新台阶[J]. 学会, 2014（3）: 33-38.

[10] 李欢. 大数据背景下科技管理创新平台构建研究[J]. 科学管理研究, 2014（3）: 44-48.

[11] 曾宪计, 刘洪江, 安明山. 充分发挥"项目带动"效应着力推动学会服务能力提升[J]. 科协论坛, 2014（4）: 26-29.

[12] 李国强. 对"加强中国特色新型智库建设"的认识和探索[J]. 中国行政管理, 2014（5）: 16-19.

[13] 李凌. 中国智库影响力的实证研究与政策建议[J]. 社会科学, 2014（4）: 4-21.

[14] 隗斌贤. 关于科技社团服务科技创新的思考[J]. 科协论坛, 2014（3）: 11-14.

[15] 李森. 正确认识中国科协的功能定位[J]. 科协论坛, 2014（3）: 39-43.

[16] 李森. 关于企业科协组织建设的思考[J]. 科协论坛, 2014（8）: 41-45.

[17] 李海亮, 杨礼富, 陈鸿宇. 承接政府转移职能: 全国性学会发展

的机遇与挑战[J].学会,2014(8):39-42.

[18] 李家深,熊婧,陆桂军.运用互联网思维构建科技服务业新业态的必要性与可行性分析[J].企业科技与发展,2014(15):8-10.

[19] 王名.完善政府向科技社团购买服务,建立新型政社关系[J].经济界,2014(2):28-29.

[20] 裴长洪,于燕.德国"工业4.0"与中德制造业合作新发展[J].财经问题研究,2014(10):27-33.

[21] 蔡余峰.打造优质服务模式提升科技社团服务水平[J].科协论坛,2014(10):20-23.

[22] 朱小群.科技服务业如何迎接政策春天[J].法人,2014(9):6-7.

[23] 张宝其,焦晨明,薛合庸,等.推进大数据分析应用加快创新型城市建设[J].中小企业管理与科技(上旬刊),2014(11):312.

[24] 白振宇.基于大数据支撑的京津冀科技成果定制服务模式[J].天津经济,2014(10):20-22.

[25] 王小绪.长三角地区科技服务合作体系的构建研究[J].科技与经济,2014(6):106-110.

[26] 康智勇,王小艺,罗超,等.高校科协组织建设与管理模式[J].中国高校科技,2014(12):17-19.

[27] 袁洁.移动互联网时代的科普App与科学传播[J].科技传播,

2014（20）：153-155.

[28] 陈渊源,吴勇毅.工业4.0：智能制造决胜未来[J].上海信息化,2014（12）：34-37.

[29] 王吉发,徐泽栋,郭楠.科技产业园区服务业发展研究——以辽宁省葫芦岛市泵业园区为例[J].中国市场,2014（50）：66-70.

[30] 龚勤,董国栋.工业4.0的机遇与杭州的准备[J].杭州科技,2014（6）：14-19.

[31] 董国栋.德国："工业4.0"战略的先行者[J].杭州科技,2014（6）：38-42.

[32] 胡杰.从德国"工业4.0"看中国未来制造业的发展[J].民营科技,2014（12）：268.

[33] 徐子成,陈思浩,涂闽.万众创新,打造中国版"工业4.0"[J].上海化工,2015（1）：3-6.

[34] 李洁.美国国家创新体系：政策、管理与政府功能创新[J].世界经济与政治论坛,2006（6）：55-60.

[35] 冯海洲,朱世伟,于俊凤.发达国家科技服务业对中国的启示[J].科技信息,2012（22）：2.

[36] 任强.地方高校智库区域特质的形成机理与发展路径——以湖州师范学院农村发展研究院为例[J].湖州师范学院学报,

2014（12）：20-23.

［37］薛品，何光喜，张文霞.互联网新媒体对科学家公众形象的影响初探［J］.科普研究，2014（6）：19-24.

［38］许颖丽.从"两化融合"到"中国制造2025"［J］.上海信息化，2015（1）：24-27.

［39］徐志坚.科技引领产学研万众创新促发展［J］.中国科技产业，2015（1）.

［40］曹丽燕.发达国家建设科技服务体系的经验［J］.科技管理研究，2007（4）：63-64.

［41］曲彬赫，冷盈盈.新媒体时代的科普信息传播［J］.科协论坛，2011（3）：46-48.

［42］乔冬梅，杨舰，李正风.基于互联网的科技规划咨询系统［J］.科技进步与对策，2007（1）：1-4.

［43］宁凌，王建国，李家道.三省市科技服务业激励政策比较［J］.经营与管理，2011（5）：44-47.

［44］吴云旋.关于有效推进产学研合作的探讨——以福建省泉州市为例［J］.黄冈职业技术学院学报，2011（3）：45-47.

［45］张鹏.解读《关于加快科技服务业发展的若干意见》：提质增效升级的重要引擎［J］.服务外包，2014（6）：48-49.

［46］葛佳慧.美国银行：为创业期"小科"另起炉灶［J］.华东科技，

2011（6）：56-57.

[47] 杨南粤.促进科技服务业发展方法与措施——培养科技服务业人才，建设有产业特色的职业教育[J].经济研究导刊，2011（18）：132-134.

[48] 张晓群.发达国家科技服务业的运行特征及对中国的启示[J].经济研究导刊，2011（18）：199-200.

[49] 李加达.论广东省科技银行的发展路径——借鉴硅谷银行的运作机制[J].商品与质量，2011（S7）：104-105.

[50] 谢林林，廖颖杰.科技银行与风险投资关系探讨[J].改革与战略，2011（7）：77-79.

[51] 顾峰.国内外科技金融服务体系的经验借鉴[J].江苏科技信息，2011（10）：4-6.

[52] 安体富，任强.促进产业结构优化升级的税收政策[J].中央财经大学学报，2011（12）：1-6.

[53] 崔永华.基于Web Services构建科技规划咨询系统[J].情报杂志，2008（1）：72-75.

[54] 柴海瑞.推动科学发展促进社会和谐的意义与原则探讨[J].现代商业，2008（21）：127-130.

[55] 伍慧春.论发达国家科技中介服务体系的比较与借鉴[J].今日科技，2008（6）：43-44.

[56] 白景美，宋春艳，王树恩. 试析战后日本技术创新政策演变的特点及启示［J］. 科学管理研究，2007（2）：117-120.

[57] 何昕. 掌舵，划桨——从中国政府和第三部门的关系看政府的公共服务职能［J］. 长春大学学报，2008（5）：69-70.

[58] 龚志宏. 论和谐社会视野下的公民有序政治参与［J］. 求实，2008（10）：50-53.

[59] 伍慧春. 制约我国科技中介服务体系建设因素［J］. 技术与创新管理，2008（5）：438-440.

[60] 包颖. 科技社团期盼制度创新［J］. 中国科技社团，2013（3）：12-13.

[61] 丁旭光，邓游，谭惠全. 广州自主创新能力分析与对策研究——兼与杭州与南京市自主创新能力进行比较分析［J］. 珠江经济，2007（6）：42-51.

[62] 郭寄良，俞学慧，项宇琳. 以院士专家工作站为载体的创新驱动平台建设初探［J］. 中国科技产业，2013（5）：38-39.

[63] 徐文海，姚德祥，田万龙，等. 学会在政府职能转移中的角色扮演［J］. 学会，2013（10）：36-40.

[64] 沈爱民. 发挥学会独特优势积极承接政府职能转移［J］. 科协论坛，2013（9）：11-14.

[65] 李浩，徐欣，邵笑冰，等. 科技服务业中的群众路线问题及简析

[J].中小企业管理与科技（下旬刊），2013（9）：145-147.

[66] 刘华峰.积极引进和用好海外人才为实现中国梦凝聚新力量[J].中国人才，2013（21）：28-29.

[67] 奚飞.美国硅谷银行模式对我国中小科技企业的融资启示[J].商业经济，2010（1）：73-74.

[68] 王树文，钟巧玲.我国现代科技服务业发展中政府管理创新研究[J].当代经济，2010（2）：82-83.

[69] 熊小奇.发达国家科技中介服务业发展的经验及启示[J].中国科技论坛，2007（11）：50-53，98.

[70] 孔庆华，曲彬赫.现代科普传播模式的创新与发展[J].科技传播，2010（4）：100-102.

[71] 刘壹青.没有风投，硅谷会怎样[J].上海经济，2010（4）：22-23.

[72] 鲁善增."院士专家工作站"助推经济转型升级[J].政策瞭望，2010（5）：20-21.

[73] 陈淑祥.国内外区域中心城市现代服务业发展路径比较研究[J].贵州财经学院学报，2007（4）：54-58.

[74] 向永泉.新加坡现代服务业发展及对我国的启示[J].财经界（学术版），2010（3）：50-51.

[75] 李学勇.加快推进自主创新　着力促进经济发展方式转变[J].求

是，2010（11）：17-19.

[76] 柳会祥,李江华,马向阳.围绕中心与时俱进开创高校科协工作新局面[J].学会,2010（8）：47-49.

[77] 明晓东.新加坡工业化过程及其启示[J].宏观经济管理,2003（12）：49-52.

[78] 柳会祥,李江华,马向阳.新时期高校科协的地位与作用[J].学会,2010（11）：44-47.

[79] 许向阳,游光荣.建设社会化、网络化的科技中介服务体系[J].国防科技,2007（12）：49-53.

[80] 刘莉芳.国外产学研合作成功经验总结及启示[J].商业时代,2009（5）：67-68.

[81] 朱桂龙,彭有福.发达国家构建科技中介服务体系的经验及启示[J].科学学与科学技术管理,2003（2）：94-98.

[82] 王经亚,陈松.德国技术转移体系分析及借鉴[J].经济研究导刊,2009（8）：203-205.

[83] 袁兆亿.金融海啸背景下的聚才策略与机制再造[J].广东科技,2009（5）：38-41.

[84] 曲彬赫,冷盈盈.运用大众传媒开发科协信息资源[J].科协论坛（上半月）,2009（6）：43-44.

[85] 胥和平.科技发展新态势与我国科技改革发展[J].时事报告,

2014（10）：10-17.

[86] 郑霞.若干区域科技服务业发展评述［J］.科技管理研究，2009（5）：209-212，208.

[87] 程琦.国外科技中介组织现行管理模式及启示［J］.科技创业月刊，2009（7）：70-72.

[88] 孔庆华，曲彬赫.科普信息传播与科协网络媒体［J］.科技传播，2009（2）：71-72，80.

[89] 王凡，傅汴玲，李乐刚.发达国家科技中介机构的发展和管理［J］.江汉论坛，2009（10）：140-143，92.

[90] 石萍.加强指导和协调进一步发挥学会的基础性作用［J］.科协论坛（上半月），2009（12）：26-27.

[91] 王名.关于建立健全政府向科技社团购买公共服务体制的建议［J］.学会，2013（12）：36-38.

[92] 王文娟.科技型中小企业金融支持的路径选择——以南京市江宁区为例［J］.江苏科技信息，2013（23）：11-13.

[93] 史有春.第三方监管：破解管理咨询"千千结"［J］.北大商业评论，2013（3）：88-95.

[94] 李朝晖.我国科普基础设施发展面临的挑战［J］.科协论坛，2012（1）：45-46.

[95] 王晓莉，张洪普.天津市科技成果转化的现状研究［J］.企业技

术开发，2012（5）：10-11，15.

[96] 李铁范，李荣富，谭甲文. 基于皖江示范区的产学研合作模式选择与推进策略［J］. 池州学院学报，2012（2）：122-127.

[97] 陈希. 做好新时期科协组织人事工作为科协事业发展提供有力保证［J］. 科协论坛，2012（6）：2-5.

二、博士论文类

[1] 程琦. 我国科技中介组织的管理模式研究［D］. 武汉：华中科技大学，2006.

[2] 李欣. 上海市科技中介服务体系的系统分析［D］. 上海：上海交通大学，2007.

[3] 赖志军. 佛山市科技服务业发展战略研究［D］. 长春：吉林大学，2008.

[4] 胥军. 中国信息化与工业化融合发展的影响因素及策略研究［D］. 武汉：华中科技大学，2008.

[5] 赵秀丽. 国家创新体系视角下的国有企业自主创新研究［D］. 济南：山东大学，2013.

[6] 汪春翔. 和谐社会视域下科技社团建设研究［D］. 南昌：江西师范大学，2013.

[7] 蔡以东. 科学技术协会的结构与运作研究［D］. 苏州：苏州大学，2011.

[8] 张雄.武汉科技服务中介创新体系研究[D].武汉：华中科技大学，2004.

[9] 陈硕.促进现代服务业发展的税收政策研究[D].济南：山东财经大学，2012.

[10] 赵伟.美国区域创新体系研究[D].大连：大连理工大学，2006.

[11] 邹佳利.基于云计算的科技资源共享问题研究[D].西安：西安邮电大学，2013.

[12] 张翔.德国中小企业发展对中国的启示[D].武汉：武汉科技大学，2014.

[13] 任远.科协组织协同社会管理创新问题研究[D].长春：吉林大学，2013.

[14] 喻翔宇.我国科技银行发展研究[D].长沙：湖南大学，2013.

[15] 王建国.促进科协组织参与社会管理的对策研究[D].湘潭：湘潭大学，2013.

[16] 王素征.上海市政府推进产学研战略联盟的相关政策研究[D].上海：华东师范大学，2006.

[17] 王春婷.政府购买公共服务绩效与其影响因素的实证研究[D].武汉：华中师范大学，2012.

三、报纸类

[1] 谢小军.内容待更新 原创须加强[N].大众科技报，2010-10-19.

［2］何真.协同努力 创新发展 全面开创学会科技服务工作新局面［N］.广东科技报,2014-07-25.

［3］罗文.德国工业4.0战略对我国推进工业转型升级的启示［N］.中国电子报,2014-08-01.

［4］郭涛.科技服务业如何支撑科技创新和产业发展［N］.中国高新技术产业导报,2014-12-01.

［5］郭铁成,龙开元.转变发展方式需要优先发展科技服务业［N］.中国高新技术产业导报,2013-08-12.